全国高等院校机械类专业"十四五"规划教材

机械原理与机械设计实验指导

主　编◎刘　兰

副主编◎何丽红

华中科技大学出版社

http://www.hustp.com

中国·武汉

内 容 简 介

实验教学是高等工科院校核心课程"机械原理""机械设计""机械设计基础"实践环节的重要组成部分,是培养学生综合设计能力、工程实践能力、科学实验能力、创新能力、动手能力和团队合作能力必不可少的教学过程。本书贯彻"以学生为中心、学生学习与发展成效驱动"的教育教学理念,突出应用型人才培养特色,内容主要包括机构分析与机构运动简图测绘、机构创意设计与拼装、平面机构特性分析、基本平面机构设计及运动学分析、机械的平衡、机械创新设计、轮系机构分析、典型零件传动性能测试、机械系统组合及性能分析、轴系结构装拆、减速器结构分析、机械构造及机械设计创意。

本书中的大多数实验项目配有讲解视频,重点介绍实验原理和设备情况。扫描实验项目中位于实验背景右侧的二维码,即可观看视频。

本书可作为高等学校机械类、近机类专业"机械原理""机械设计""机械设计基础""机械基础"等课程的实验教材,也可作为相关人员教学、科研及开展实际工作的参考书。

图书在版编目(CIP)数据

机械原理与机械设计实验指导/刘兰主编.—武汉:华中科技大学出版社,2020.11(2023.1重印)
ISBN 978-7-5680-4121-8

Ⅰ.①机… Ⅱ.①刘… Ⅲ.①机构学-高等学校-教学参考资料 ②机械设计-高等学校-教学参考资料
Ⅳ.①TH111 ②TH122

中国版本图书馆 CIP 数据核字(2020)第 239970 号

机械原理与机械设计实验指导   刘 兰 主编
Jixie Yuanli yu Jixie Sheji Shiyan Zhidao

策划编辑:张　毅
责任编辑:刘　静
封面设计:抱　子
责任监印:朱　玢
出版发行:华中科技大学出版社(中国·武汉)   电话:(027)81321913
　　　　　武汉市东湖新技术开发区华工科技园   邮编:430223
录　　排:武汉市洪山区佳年华文印部
印　　刷:武汉市籍缘印刷厂
开　　本:787mm×1092mm　1/16
印　　张:7.75
字　　数:197 千字
版　　次:2023 年 1 月第 1 版第 2 次印刷
定　　价:29.80 元

实验教学是"机械原理"和"机械设计"课程中重要的实践性环节。通过实验,不仅可以验证理论,加深学生对理论知识的理解,还可以培养学生的动手能力、观察分析能力和创新能力。

本书是在湖南工程学院湖南工程学院机械设计类课程实验教学改革研究和实践的基础上,以培养学生扎实的专业技能、较强的创新设计能力和全面的综合素质为目标,根据人才培养计划、课程教学大纲和实验教学大纲的要求编写而成的。

本书详细介绍了"机械原理"和"机械设计"课程的 12 个实验项目,不同的专业可从中选择不同的实验项目。几乎每个实验项目都从实验目的、实验原理、实验设备、实验内容与步骤、实验报告内容及要求等方面进行阐述,并附有实验记录,以方便学生在实验课上记录数据与作图。为了进行混合式教学改革探索,我们对教学体系、教学模式、教学内容进行了调整,把重要知识点的讲解做成视频,转成二维码编入本书,为学生提供了更多的预习、自习资源。本书是湖南省教育科学"十三五"规划课题——"基于工程教育认证理念的实验课程混合式教学模式研究与实践"(项目编号:XJK19CGD038)的研究成果。

本书由刘兰任主编,由何丽红任副主编。湖南工程学院的朱理教授、王先安教授、皮益霞教授对本书的成稿提供了大力支持,在此表示诚挚的谢意。

本书可作为高等学校机械类、近机类专业"机械原理""机械设计""机械设计基础""机械基础"等课程的实验教材,也可作为相关人员教学、教研及开展实际工作的参考书。

限于作者水平,书中难免存在疏漏和不妥之处,敬请读者批评指正。

编　者

绪 论

一、实验课程概述

机械设计系列课程("机械原理""机械设计""机械设计基础")主要研究机械的共性问题。在机械类专业中,机械设计系列课程是主干技术基础课程,既综合应用了"工程制图""理论力学""材料力学""机械工程材料"等先修课程所学知识,也为学生学习后继课程和未来从事机械设计相关工作打下扎实的基础。机械设计系列课程是设计性、综合性和实践性很强的课程,在培养机械工程专业技术人才的综合素质、构思与表达能力、设计与创新能力、分析与综合能力等方面起着重要的作用。

实验教学是课程中重要的实践性环节,与理论教学互为依托、相辅相成。实验教学不仅向学生传授知识、验证理论、培养实验技能,而且在引导学生掌握科学的思维方法、提高分析和解决问题的能力、培养创新精神和协作精神、养成优良的工作作风等方面,具有不可替代的育人作用。

机械设计系列课程实验教学所设定的培养目标可分为知识目标、能力目标和素质目标。这三个层次的目标环环相扣、层层递进。

其中,知识目标有四个:① 了解机械领域实验的常用工具、仪器、设备系统和实验方法,掌握使用相关工具、设备的基本技能;② 掌握对机构和简单机械的工作原理、运动情况、运动学性能和动力学性能进行分析的方法;③ 了解各种典型零部件的结构特点和应用;④ 掌握机械系统设计的基本原则。

能力目标有三个:① 培养学生运用实验方法分析研究各种机构与具体机械的能力;② 培养学生合理设计各类机构和常用机械零部件的能力;③ 培养学生设计一般机械系统的能力。

素质目标有四个:① 培养学生乐于动手、勇于实践的探索精神;② 培养学生严谨规范、实事求是的科学态度;③ 培养学生发现问题、分析问题、解决问题的能力;④ 培养学生的团队合作精神和沟通协调能力。

二、学生实验注意事项

(1)学生在实验课前必须认真预习本实验指导书,了解实验目的、实验设备、实验内容、实验步骤,写出实验预习报告,并复习教材中的有关内容,为实验课做好充分准备。

(2)学生携带实验指导书、实验报告、理论课本、铅笔、圆规、尺,准时参加实验,不要随意迟到、早退。

(3)在实验课中必须独立思考,认真完成实验要求,详细记录实验数据和结果。

(4)不要穿拖鞋、背心进入实验室,不要大声喧哗;爱护实验设备和器材,轻拿轻放;遵守实验室各项规章制度和操作规程,切实维护人身安全和设备安全。

（5）实验课前，务必在"实验室工作日志"上签到，实验完成后要在实验仪器记录本上记录仪器的工作情况和学生名字。

（6）实验结束后及时关掉电源，对所用仪器、设备进行整理，使其恢复到原始状态。

（7）实验报告的内容包括实验目的、实验设备、实验内容、实验步骤、实验原始数据记录、实验结果与分析、思考题等。特别注意，在实验报告上应用尺规按比例规范作图。每位学生务必独立完成实验报告，切勿抄袭。

（8）实验成绩占课程总成绩的一部分，实验成绩根据实验预习报告、实验操作和实验报告来综合评定。

（9）平时漏做实验，应及时和实验中心联系并补做实验。

三、实验的学习方法

1. 注意理论知识与实践知识相结合，综合应用所学知识

"机械原理"与"机械设计"课程的实验学习与理论学习平行进行。在实验中，学生应注意进一步巩固所学的理论知识，用理论联系实际的方法去分析和解决工程实际问题；应注意将多门学科的理论基础知识有机结合，将当前学习内容与已学知识相联系，形成自己的知识体系。为了培养设计能力，学生应尽可能综合利用各种实验设备和仪器构思出新的实验方案。

2. 重视实际动手能力的培养，养成一丝不苟的工作作风

"机械原理"与"机械设计"实验向来以学生实际动手操作为主，在具体的实验过程中需要使用多种设备和工具，因此，要求学生具有较强的实践动手能力。为了培养实践动手能力，学生不仅要学会规范地操作使用各种仪器、设备和工具，还要养成一丝不苟、精益求精的工作态度。

3. 养成重视分析和思考的习惯，培养创新能力

在实验过程中，许多学生往往按照实验步骤简单模仿，很少有学生能做到对实验过程和实验结果进行独立分析和积极思考，真正做到学思结合、知行统一。我们倡导在实验过程中，师生之间、同学之间对实验过程和结果进行有效分析、积极讨论，对于符合预期的实验结果，分析总结经验、原理，尤其重视不符合预期的实验结果，找出原因，提出改进方法，强调工程实践的多因素影响和复杂性，以培养学生作为未来工程师的工程实践思维。

4. 具有顽强进取的坚韧毅力及团队协作的精神

在实验过程中，往往难以避免油污、铁屑等脏物。学生应养成吃苦耐劳的精神，克服实验环境中的各种困难，不怕苦，不怕累，勇于进取，严格按照要求完成实验。同时，还要团结协作，多与教师和同学交流、讨论。每个人的智慧都是有限的，在规定的时间内完成一个较复杂的综合设计型实验往往需要大家分工协作。

实验 1

机构分析与机构运动简图测绘

实验背景：机构运动简图测绘是机构结构分析的基础，而机构的结构分析是机构运动学、动力学分析以及机构设计创新的基础。机构分析实验对了解机构的组成原理、进行机构的结构分类、正确判断机构运动的可动性与确定性、合理地进行机构设计与创新有着重要的作用。对现有机械进行分析或设计新机械时，都需要按比例绘制机构运动简图，以便使用图解法或解析法对机构进行运动学、动力学分析。工程上还广泛应用不按严格比例绘制的机构示意图，以定性地表达各构件之间运动和力的传递关系。

一、实验目的

（1）掌握对各种机构、实际机械进行工作原理和运动情况分析的方法。
（2）熟练掌握机构运动简图测绘的方法。
（3）巩固机构自由度的计算，加深对机构具有确定运动的条件的理解。

二、实验原理

对已有的机械进行分析研究或设计新的机械时，都需要运用一种工程语言来表明机构的运动情况。因为机构各构件间的相对运动关系由原动件的运动规律、机构中所有运动副的类型和数目及相对位置（即转动副的中心位置、移动副的中心线位置和高副接触点的位置）决定，而与构件的外形和断面尺寸、组成构件的零件数目、组成构件的零件间的固连方式、运动副的具体结构无关。因此，可以撇开构件的复杂外形和运动副的具体构造，用国家标准规定的简单线条和符号表示构件和运动副，并按比例定出各运动副的相对位置。这种能准确表达机构运动情况的简化图形称为机构运动简图。机构运动简图与原机械的运动特性完全相同，所以就用机构运动简图对机械进行结构、运动和动力分析。

不按精确的比例绘制，仅仅为了表达机械的组成状况和结构特征而绘制的简图称为机构示意图。

三、实验设备

（1）各种类型的机构模型。
（2）圆盘印刷机、小型牛头刨床、汽车发动机、插齿机床等实际机械。

四、实验内容与步骤

1. 认清构件数目

缓慢地转动被测机构，由原动件开始观察机构的传动过程，按相对运动情况分清各个构件，注意哪些构件是活动的,哪些构件是固定的,从而确定组成该机构的构件数目。

2. 判别运动副的性质和数目

反复转动机构的原动件,循着运动的传递路线搞清楚该机械原动部分的运动如何经过传动部分传递到工作部分,细心观察各构件间的相对运动情况。根据相对运动情况,判别运动副的性质,并数清运动副的数目。

3. 用规定的符号画出机构运动简图

选择与机构中多数构件的运动平面相平行的平面作为绘制机构运动简图的投影面。按运动传递顺序,使用规定的图形符号,徒手绘出机构运动简图草图。在原动件上应标上带箭头的直线或圆弧,用阿拉伯数字1,2,3,…标注各构件,用字母A,B,C,…标注各个运动副。

国家标准《机械制图 机构运动简图用图形符号》(GB/T 4460—2013)对运动副、构件及各种机构的表示符号做出了规定。表1-1至表1-9所示的构件、运动副及各种机构的表示方法均摘自该标准,供参考。

表 1-1　机构构件运动简图图形符号

名　称	基本符号	附　注
运动轨迹	———	直线运动
	⌒	曲线运动
运动指向	——→	表示点沿轨迹运动的指向
直线或回转的往复运动	←——→	直线运动
	⟷	回转运动
直线或曲线的单向运动	——→	直线运动
	⌒→	曲线运动

表 1-2　运动副的简图图形符号

名　称		基本符号	可用符号
回转副	平面机构	⅄	⊢□⊣
	空间机构	⊢⅄	

名　称	基 本 符 号	可 用 符 号
棱柱副 （移动副）		
螺旋副		

表 1-3　构件及其组成部分连接的简图图形符号

名　称	基 本 符 号	可 用 符 号	附　注
机架			
轴、杆			
构件组成部分 的永久连接			
组成部分与轴（杆） 的固定连接			
构件组成部分 的可调连接			

表 1-4　多杆构件及其组成部分的简图图形符号

名　称		基 本 符 号	可 用 符 号	附　注
构件是回转 副的一部分	平面机构			细实线所画为相邻构件
	空间机构			

名　称		基 本 符 号	可 用 符 号	附　注
机架是回转副的一部分	平面机构			
	空间机构			
构件是棱柱副的一部分				
构件是圆柱副的一部分				
偏心轮				
滑块				
导杆				
三副元素构件				

表 1-5　齿轮机构的简图图形符号

名　称		基本符号	可用符号
齿轮	圆柱齿轮		
	圆锥齿轮		
	挠性齿轮		
齿线符号（圆柱齿轮）	直齿		
	斜齿		
	人字齿		
齿轮传动（不指明齿线）	圆柱齿轮		
	非圆齿轮		

名　　称		基 本 符 号	可 用 符 号
齿轮传动（不指明齿线）	圆锥齿轮		
	准双曲面齿轮		
	蜗轮与圆柱蜗杆		
	蜗轮与球面蜗杆		
	交错轴斜齿轮		
齿条传动	一般表示		
	蜗线齿条与蜗杆		

名　　称		基 本 符 号	可 用 符 号
齿条传动	齿条与蜗杆		
扇形齿轮传动			

表 1-6　凸轮机构的简图图形符号

名　　称		基 本 符 号	可 用 符 号	附　　注
盘形凸轮				沟槽盘形凸轮
移动凸轮				
与杆固接的凸轮				可调连接
空间凸轮	圆柱凸轮			
	圆锥凸轮			
	双曲面凸轮			

名 称		基 本 符 号	可 用 符 号	附 注
凸轮 从动杆	尖顶从动杆			在凸轮副中,凸轮 从动杆的符号:
	曲面从动杆			在凸轮副中,凸轮 从动杆的符号:
	滚子从动杆			在凸轮副中,凸轮 从动杆的符号:
	平底从动杆			在凸轮副中,凸轮 从动杆的符号:

表 1-7 槽轮机构与棘轮机构的简图图形符号

名 称		基 本 符 号	可 用 符 号
槽轮机构	一般符号		
	内啮合		
	外啮合		

续表

名　称		基　本　符　号	可　用　符　号
棘轮机构	内啮合	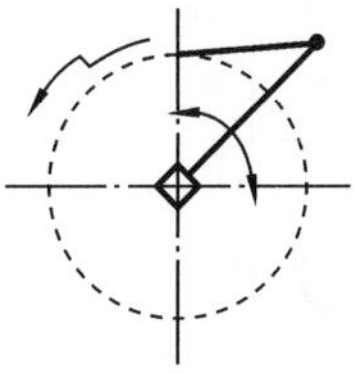	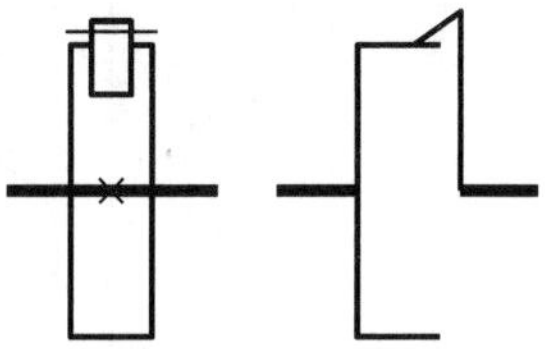
	外啮合		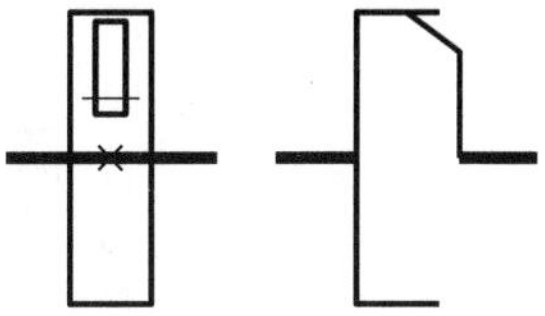
	棘齿条啮合	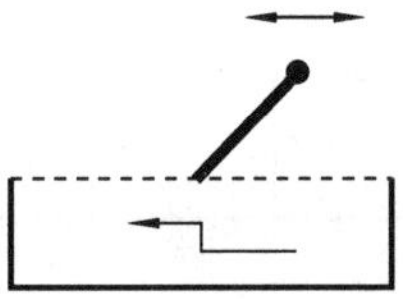	

表 1-8　联轴器、离合器、制动器的简图图形符号

名　称	基　本　符　号	附　　注
联轴器		一般符号(不指明类型)
可控离合器	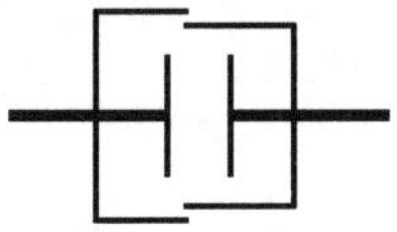	
制动器	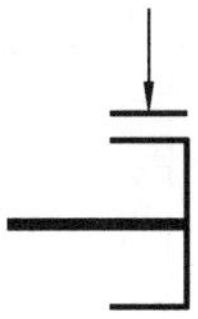	一般符号,不规定 制动器外观

表 1-9　其他机构及其组件简图图形符号

名　称	基本符号	可用符号	附　注
带传动 （一般符号，不指明类型）	或		若需指明皮带的类型，可采用下列符号。 三角带： 圆带： 同步齿形带： 平带： 例：三角带传动
轴上的宝塔轮			
链传动 （一般符号，不指明类型）			若需指明链条的类型，可采用下列符号。 环形链： 滚子链： 无声链： 例：无声链传动
螺杆传动　整体螺母			
螺杆传动　开合螺母			

续表

名　称		基 本 符 号	可 用 符 号	附　注
螺杆传动	滚珠螺母		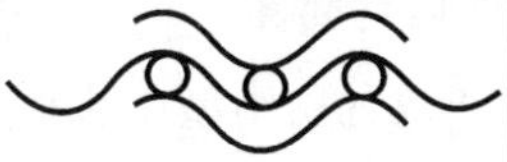	
向心轴承	滑动轴承			如有需要,可指明轴承的型号
	滚动轴承	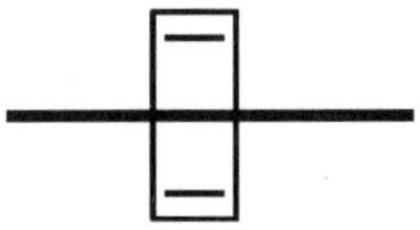		
推力轴承	单向	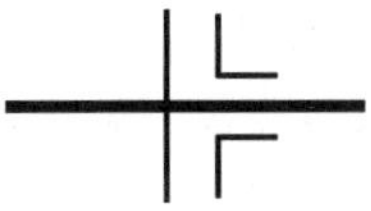		如有需要,可指明轴承的型号
	双向	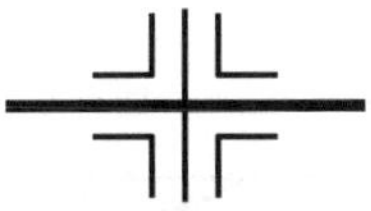		
	滚动轴承	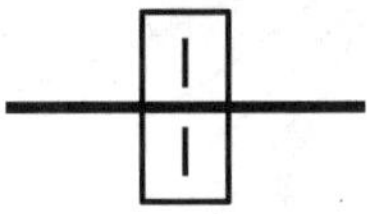		
向心推力轴承	单向	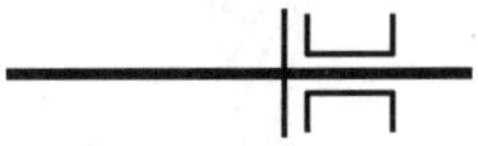		如有需要,可指明轴承的型号
	双向	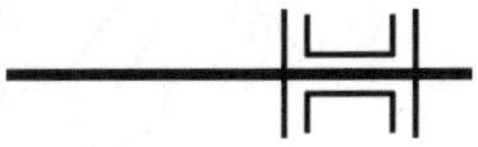		
	滚动轴承	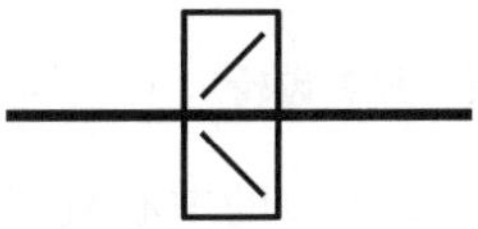		

4. 测量各运动副之间的相对位置尺寸

仔细测量机构中各运动副之间的相对位置尺寸,即转动副之间的中心距和移动副导路的位置尺寸及角度等,并标注在徒手绘制的机构运动简图草图中。

5. 核算机构的自由度

根据所测绘的机构运动简图,计算该机构的自由度,判断该机构是否具有确定的运动,并与实际机构的运动进行核对,看是否相符。计算机构的自由度时,要正确分析该机构中活动构件的数目以及运动副的类型与数目,注意辨别机构中存在的局部自由度、虚约束及复合铰链,在排除了局部自由度和虚约束之后,再利用公式计算机构的自由度,检查计算的自由度数是否与原动件数目相等,以判断该机构是否具有确定的运动。

6. 绘制具体机械的机构运动简图

仔细观察实验室内圆盘印刷机、小型牛头刨床、汽车发动机、插齿机床等实际机械,分析它们的运动情况,选择合适的投影面,按上述方法绘制机构运动简图。

对于这些结构较为复杂的机械,恰当地选择机构运动简图的视图平面尤为重要。选择视图平面应以能简单、清晰地把机构的运动情况表示清楚为原则。一般选机构中多数构件的运动平面为投影面,必要时也可以就机械的不同部分选择两个或更多个投影面,然后将它们展示到同一平面上。

7. 关于插齿机床的提示

展成法是指根据一对齿轮啮合传动时两轮的齿廓互为共轭曲线的原理来加工齿轮的一种方法。插齿机床正是利用展成法来加工齿轮的齿廓。图 1-1 所示为用插齿刀加工齿轮的情形。插齿刀端面的形状完全与齿轮相同。为了便于切削,将插齿刀端面磨成一定的角度。用插齿刀加工齿轮,要求插齿刀与齿轮之间的相对转动与一对齿轮啮合传动时一样。加工时两者间的相对运动有以下五种。

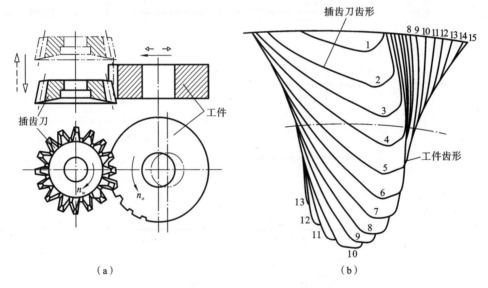

（a） （b）

图 1-1 用插齿机床加工齿轮

（1）主体运动:为切出齿轮全部宽度上的轮齿,插齿刀的中心线与工件的中心线相平行,同时插齿刀做往复运动。

（2）圆周进给运动:为了使插齿刀每齿都参与切削,插齿刀需绕刀具的中心线做回转运动。

（3）分齿运动(又称为展成运动):为了切出完整齿轮,插齿刀和工件就像一对相互啮合的齿轮一样,工件随插齿刀按一定速比做回转运动。

（4）径向进给运动:在切齿开始时由于插齿刀不能直接切入全齿,工件需向刀具的中心做径向移动,直至切出规定齿高,这样刀具的渐开线齿廓就在轮坯上包络出与刀具渐开线齿廓相共轭的渐开线齿廓来。

（5）让刀运动:在插齿刀退刀时,为了使已切出的齿面不被损伤,插齿刀要做让刀运动。

由于插齿机的构件较多,如果用一个视图表示,有些构件被挡住无法看清,可以选择两个以上的视图表示,然后展开到同一平面上。

五、实验报告内容及要求

(1)任意假定原动件的位置,并按适当的比例尺 μ_l($\mu_l = \dfrac{实际长度(mm)}{图纸长度(mm)}$)将草图画成规范的机构运动简图。首先确定各个运动副的位置(如转动副的中心位置、移动副的导路方位及高副接触点的位置等),并画上相应的运动副符号,然后使用简单的线条和规定的符号画出机构运动简图。从原动件开始,按传动顺序标出各个构件的编号和运动副的代号。在原动件上标出箭头,以表示原动件的运动方向。

(2)计算机构的自由度,并确定机构原动件的数目,判断机构是否具有确定的运动。

(3)写出机构的理论名称。

(4)完成下列思考题。

① 一个正确的机构运动简图应能说明哪些内容?

② 自行找一把折叠雨伞,绘制伞面收放机构的机构运动简图(只画出一个分支即可),计算该机构的自由度,并分析该机构的运动情况。

③ 分析电风扇摇头装置(见图 1-2)的工作原理和运动情况,画出机构示意图。

图 1-2 电风扇摇头装置

实 验 记 录

机构名称：

各运动副之间的尺寸：

机构运动情况分析：

自由度计算：　　　　　　　　　　　　　机构是否具有确定的运动？

机构名称：

各运动副之间的尺寸：

机构运动情况分析：

自由度计算：　　　　　　　　　　　　　机构是否具有确定的运动？

机构名称：

各运动副之间的尺寸：

机构名称：

机构运动情况分析：

自由度计算：　　　　　　　　　　　　　机构是否具有确定的运动？

实验 2

机构创意设计与拼装

实验背景：在各项复杂机械设计中，机构运动方案设计往往是一个重要的步骤。机构创意设计与拼装实验基于机构的组成原理，利用若干可以快速拼接的零件以及驱动电动机，像搭积木那样，通过运动副连接不同的构件，组装出多种不同的机构，可以直观、方便地验证、调试和改进设计方案，充分发挥学生的想象力，培养学生的动手能力和创新意识。

一、实验目的

（1）加深对构件基本运动和机构组成原理的认识，进一步了解机构的组成和运动特性；熟悉杆组的概念，为机构创新设计奠定良好的基础。

（2）利用若干不同的杆组，拼接各种平面机构，以培养机构创新设计意识及综合设计的能力。

（3）遵循创造学基本原理、法则，运用机构构型的创新设计方法，设计、拼装满足预定运动要求的机构或机械系统。

二、实验原理

1. 杆组的概念

任何机构都是由自由度为零的若干杆组依次连接到原动件（或已经形成的简单机构）和机架之间组成的。由于平面机构具有确定运动的条件是机构的原动件数目与机构的自由度数目相等，因此机构均由机架、原动件、自由度为零的从动件系统连接而成。拆解从动件系统而得到的不可再分的自由度为零的运动链，称为基本杆组，简称杆组。

根据杆组的定义，组成平面机构杆组的条件是

$$F = 3n - 2P_L - P_H = 0 \tag{2-1}$$

式中：n——构件数，必须是整数；

P_L——低副数，必须是整数；

P_H——高副数，必须是整数。

由式（2-1）可以获得各种类型的杆组。

当 $n=1$，$P_L=1$，$P_H=1$ 时可获得单构件高副杆组。常见的单构件高副杆组如图 2-1 所示。

当 $P_H=0$ 时得到低副杆组，此时式（2-1）可写成

$$F = 3n - 2P_L = 0 \tag{2-2}$$

满足式（2-2）的构件数和运动副数的组合为 $n=2$，$P_L=3$；$n=4$，$P_L=6$；$n=6$，$P_L=9$ 等。

最简单的低副杆组 $n=2$，$P_L=3$，称为Ⅱ级杆组。由于杆组中转动副和移动副的配置不同，Ⅱ级杆组共有图 2-2 所示的五种形式。

图 2-1　常见的单构件高副杆组

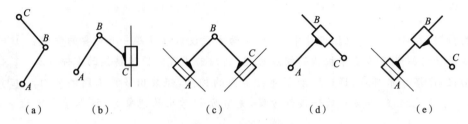

图 2-2　Ⅱ级杆组

当 $n=4$，$P_L=6$ 时，低副杆组又称为Ⅲ级杆组。Ⅲ级杆组形式很多，图 2-3 所示是几种常见的Ⅲ级杆组。

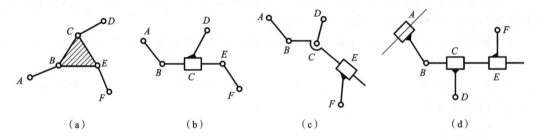

图 2-3　几种常见的Ⅲ级杆组

2. 机构组成原理

根据前文所述，可将机构的组成原理概述为：任何平面机构均可以通过将零自由度的基本杆组依次连接到原动件和机架上去的方法来组成。这也是本实验的基本原理。

3. 正确拆分杆组

从机构中拆出杆组分为以下三个步骤。

（1）去掉机构中的局部自由度和虚约束，有时还要进行高副低代。

（2）计算机构的自由度，确定原动件。

（3）从远离原动件的一端开始分杆组，每次拆分时，要求先试着拆分Ⅱ级杆组，没有Ⅱ级杆组时，再拆分Ⅲ级杆组等高一级杆组，即由最低级别杆组向高一级杆组依次拆分，最后剩下原动件和机架。

拆分杆组是否正确的判断方法是：拆去一个杆组或一系列杆组后，剩余的必须为一个完整的机构或若干个与机架相连的原动件，不能有不成组的零散构件或运动副存在，全部杆组拆完后，应当只剩下与机架相连的原动件。

图 2-4 所示是杆组拆分例图。首先，除去 K 处的局部自由度；然后，计算机构的自由度，为 $F=1$，并确定凸轮为原动件；最后，根据上述步骤（3）的要领，先拆分出由构件 4 和构件 5 组成的Ⅱ级杆组，再拆分出由构件 3 和构件 2、构件 6 和构件 7 组成的两个Ⅱ级杆组及由构件 8 组成的单构件高副杆组，最后剩下原动件 1 和机架 9。

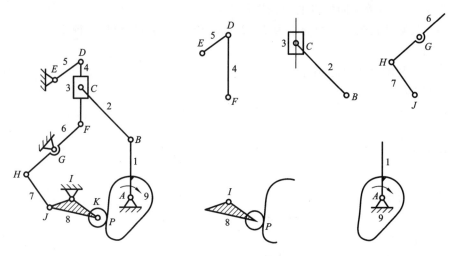

图 2-4 杆组拆分例图

4. 正确拼装杆组

根据拟定或由实验中获得的机构运动学尺寸,利用机构创新设计实验台提供的零件按机构运动的传递顺序进行拼接。拼接时,首先要分清机构中各构件所占据的运动平面(目的是避免各运动构件发生干涉),然后以实验台机架铅垂面为拼接的起始参考面,按预定拼接计划进行拼接。拼接中应注意各构件的运动平面是平行的,所拼接机构的外伸运动层面数越少,运动越平稳。为此,建议机构中各构件的运动层面以交错层的排列方式进行拼接。

三、实验设备

1. 机构创新设计实验台(Ⅰ型)

1) 概述

机构创新设计实验台(Ⅰ型)由机架、杆件、凸轮构件、直齿圆柱齿轮、齿条、旋转电机、直线电机等组成。

(1) 若干长度不一的杆件。

各杆件杆长在 80～340 mm 范围内。常见的杆组可根据需要自由装配,并使尺寸在一定范围内无级调整。

(2) 4 种轮廓的凸轮构件。

从动件可实现以下 4 种运动规律。

① 等加速等减速运动规律上升 20 mm,余弦规律回程,推程运动角 180°,回程运动角 150°,近休止角 30°,凸轮标号为 1。

② 等加速等减速运动规律上升 20 mm,余弦规律回程,推程运动角 180°,回程运动角 120°,凸轮标号为 2。

③ 等加速等减速运动规律上升 35 mm,余弦规律回程,推程运动角 180°,远休止角 30°,近休止角 30°,回程运动角 120°,凸轮标号为 3。

④ 等加速等减速运动规律上升 35 mm,余弦规律回程,推程运动角 180°,远休止角 30°,回程运动角 150°,凸轮标号为 4。

（3）模数相等、齿数不同的 6 种直齿圆柱齿轮。

这 6 种直齿圆柱齿轮的齿数分别为 17、21、25、30、34、43，可提供 15 种传动比。

（4）1 个齿条。

它的模数与相啮合的齿轮相等。

（5）1 台旋转电机。

它的转速为 10 r/min。

（6）1 台直线电机。

它的速度为 10 m/s。

2）使用方法

（1）移动副的连接。

图 2-5 表示两个构件用移动副相连的方法。

（2）转动副的连接。

图 2-6 表示两个构件用转动副相连的方法。

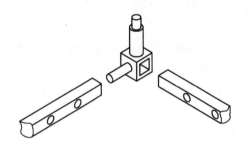

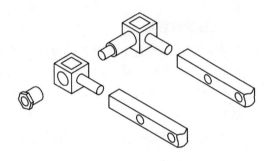

图 2-5　移动副相连　　　　　　　　　　**图 2-6　转动副相连**

（3）齿条与构件以转动副的形式相连。

图 2-7 表示齿条与构件以转动副的形式相连的方法。

（4）齿条与其他部分的固连。

图 2-8 表示齿条与其他部分固连的方法。

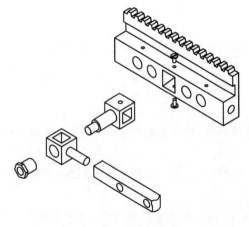

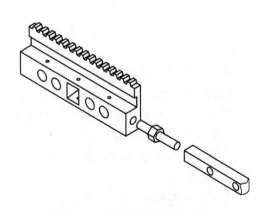

图 2-7　齿条与构件以转动副的形式相连　　　**图 2-8　齿条与其他部分固连**

（5）构件以转动副的形式与机架相连。

图 2-9 表示将连杆作为原动件，原动件与机架以转动副形式相连的方法。用同样的方法可

以将凸轮或齿轮作为原动件与机架的主动轴相连。如果连杆或齿轮不是作为原动件与机架以转动副形式相连,则将主动轴换成螺栓即可。

注意:为了确保机构中各构件中的运动都在相互平行的平面内进行,可以选择适当长度的主动轴、螺栓和垫柱,如果不进行调整,则机构的运动可能不顺畅。

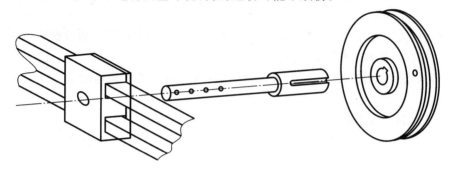

图 2-9　构件与机架以转动副相连

(6) 构件以移动副的形式与机架相连。

图 2-10 表示将滑块作为原动件,原动件与机架以移动副形式相连的方法。

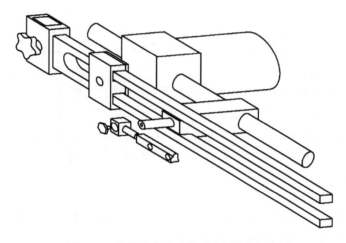

图 2-10　构件以移动副的形式与机架相连

2. 机构创新设计实验台(Ⅱ型)

1) 概述

机构创新设计实验台(Ⅱ型)包括凸轮、齿轮、齿条、槽轮拨盘、槽轮、轴、连杆、压紧连杆用特制垫片、压紧螺栓、皮带轮、齿条导向板、直线电机、旋转电机、机架等零部件。

(1) 凸轮和高副锁紧弹簧:凸轮的基圆半径为 18 mm,从动推杆的行程为 30 mm。从动件的位移曲线是升回型,且从动件所做的运动为正弦加速度运动;凸轮与从动件高副的形成依靠弹簧力的锁合。

(2) 齿轮:模数 2 mm,压力角 20°,齿数 34 或 42,两齿轮中心距为 76 mm。

(3) 齿条:模数 2 mm,压力角 20°,单根齿条全长为 422 mm。

(4) 槽轮拨盘:有 2 个主动销。

(5) 槽轮:有 4 个槽。

(6) 主动轴:动力输入用轴,轴上有平键槽。

（7）转动副轴（或滑块）：主要用于跨层面（即非相邻平面）转动副或移动副的形成。

（8）扁头轴：又称从动轴，轴上无键槽，主要起支承及传递运动的作用。

（9）主动滑块插件：与主动滑块座配用，形成主动滑块。

（10）主动滑块座：与直线电机的长齿条固连形成主动件，且随直线电机的长齿条做往复直线运动。

（11）连杆（或滑块导向杆）：连杆的长槽与滑块形成移动副，圆孔与轴形成转动副。

（12）压紧连杆用特制垫片：固定连杆时用。

（13）转动副轴 I（或滑块）：与固定转轴块配用时，可在连杆长槽的某一选定位置形成转动副。

（14）转动副轴 II（或滑块）：用于两构件形成转动副。

（15）带垫片螺栓：规格 M6，转动副轴与连杆之间构成转动副或移动副时用带垫片螺栓连接。

（16）压紧螺栓：规格 M6，转动副轴与连杆形成同一构件时用压紧螺栓连接。

（17）运动构件层面限位套：用于不同构件运动平面之间的距离限定，避免发生运动构件间的运动干涉。

（18）皮带轮：即主动轴皮带轮，传递旋转主动运动。

（19）盘杆转动轴：盘类零件（如凸轮、齿轮）与其他构件（如连杆）构成转动副时用。

（20）固定转轴块：用螺栓将固定转轴块锁紧在连杆长槽上，转动副轴可与该连杆在选定位置形成转动副。

（21）加长连杆和固定凸轮弹簧用螺栓和螺母：用于锁紧连接件。

（22）曲柄双连杆部件：偏心轮与活动圆环形成转动副，且已制作成组合件。

（23）齿条导向板：将齿条夹紧在两块齿条导向板之间，可保证齿轮与齿条的正常啮合。

（24）转动副轴（或滑块）：轴的扁平轴颈主要用于两构件形成转动副，轴的圆轴颈主要用于两构件形成移动副。

（25）直线电机、旋转电机。

直线电机：速度为 10 mm/s，安装在实验台机架底部，并可沿机架底部的长形槽移动。直线电机的长齿条即为机构输入直线运动的主动件。

旋转电机：速度为 10 r/min，安装在实验台机架底部，并可沿机架底部的长形槽移动。

（26）实验台机架。

实验台机架如图 2-11 所示。实验台机架中有 5 根铅垂立柱，它们可沿 X 方向移动。使用时应尽可能使 5 根铅垂立柱均保持铅垂状态。铅垂立柱移动到预定的位置后，将铅垂立柱上、下两端的螺栓锁紧。铅垂立柱上的滑块可沿 Y 方向移动。将滑块移动到预定的位置后，用螺栓将滑块紧定在铅垂立柱上。

2）使用方法

（1）轴相对机架的拼接。

轴相对机架的拼接如图 2-12 所示。有螺纹端的轴颈可以插入滑块 28 上的铜套孔内，通过平垫片、防脱螺母的连接与机架形成转动副或与机架固定。按图 2-12 拼接后，轴相对机架固定。若不使用平垫片，则轴相对机架做旋转运动。拼接者可根据需要确定是否使用平垫片。

扁头轴主要用于与其他构件形成移动副或转动副，也可将盘类构件锁定在扁头轴轴颈上。

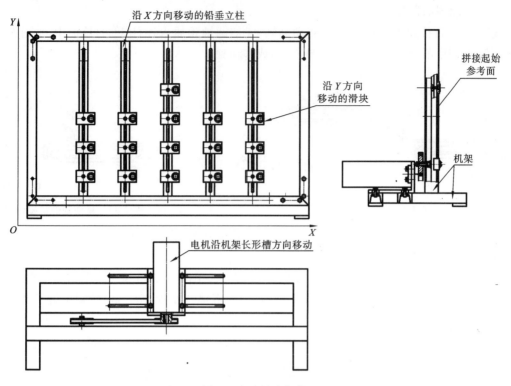

图 2-11　实验台机架

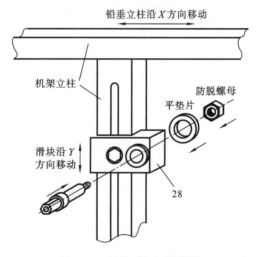

图 2-12　轴相对机架的拼接

（2）转动副的拼接。

若两连杆间形成转动副,则可按图 2-13 拼接。其中,扁平轴颈可分别插入两连杆 11 的圆孔内,用压紧螺栓 16、带垫片螺栓 15 与转动副轴Ⅱ14 端面上的螺孔连接。这样,连杆被压紧螺栓 16 固定在转动副轴Ⅱ14 的轴颈上,而与带垫片螺栓 15 相连接的转动副轴Ⅱ14 相对另一连杆转动。

提示:根据实际拼接层面的需要,转动副轴Ⅱ14 可用转动副轴 7 替代,由于转动副轴 7 的轴颈较长,此时需选用相应的运动构件层面限位套 17 对构件的运动层面进行限位。

（3）移动副的拼接。

移动副的拼接如图 2-14 所示。转动副轴 24 的圆轴颈插入连杆 11 的长槽中,通过带垫片螺栓 15 的连接,转动副轴 24 可与连杆 11 形成移动副。

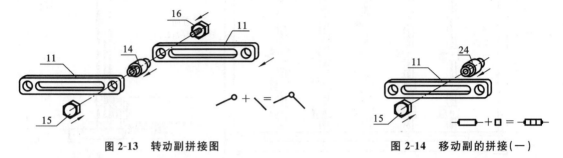

图 2-13　转动副拼接图　　　　　　　　　图 2-14　移动副的拼接(一)

提示:转动副轴 24 的扁平轴颈可与其他构件形成转动副或移动副。根据实际拼接的需要,也可选用 7 或 14 替代 24 作为滑块。

另一种形成移动副的拼接方式如图 2-15 所示。选用两根轴(6 或 8),将轴固定在机架上,然后再将连杆 11 的长槽插入两轴的扁平轴颈,旋入带垫片螺栓 15。这样拼接,连杆相对机架做移动运动。

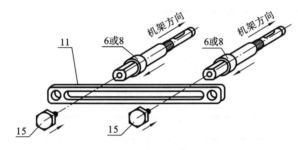

图 2-15　移动副的拼接(二)

提示:根据实际拼接的需要,若选用的轴颈较长,此时需选用相应的运动构件层面限位套 17 对构件的运动层面进行限位。

（4）滑块与连杆组成转动副和移动副的拼接。

滑块与连杆组成转动副和移动副的拼接如图 2-16 所示。滑块 13 的扁平轴颈与连杆 11 形成移动副;在固定转轴块 20 及加长连杆和固定凸轮弹簧用螺栓和螺母 21 的帮助下,滑块 13 的圆轴颈与另一连杆在连杆长槽的某一位置形成转动副。先用加长连杆和固定凸轮弹簧用螺栓和螺母 21 将固定转轴块 20 锁定在连杆 11 的侧面,再将转动副轴 Ⅰ 13 的圆轴颈插入固定转轴块 20 的圆孔及连杆 11 的长槽中,用带垫片螺栓 15 旋入滑块 13 圆轴颈端的螺孔中,这样滑块 13 与连杆 11 形成转动副。将滑块 13 的扁头轴颈插入另一连杆 11 的长槽中,将带垫片螺栓 15 旋入滑块 13 扁平轴端的螺孔中,这样滑块 13 与另一连杆 11 形成移动副。

（5）齿轮与轴的拼接。

齿轮与轴的拼接如图 2-17 所示。齿轮 2 装入轴 6 或轴 8 时,应紧靠轴(或运动构件层面限位套 17)的根部,以防止造成构件的运动层面距离的累积误差。按图 2-17 连接好后,用内六角紧定螺钉 27 将齿轮固定在轴上(注意:螺钉应压紧在轴的平面上)。这样,齿轮与轴形成一个构件。

若不用内六角紧定螺钉 27 将齿轮固定在轴上,欲使齿轮相对轴转动,则选用带垫片螺栓

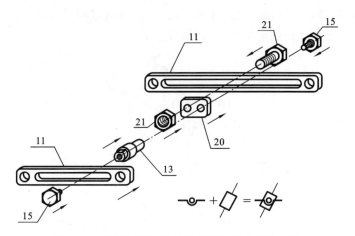

图 2-16 滑块与连杆组成转动副和移动副的拼接

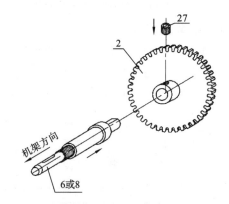

图 2-17 齿轮与轴的拼接

15 旋入轴端面的螺孔内即可。

（6）齿轮与连杆形成转动副的拼接。

齿轮与连杆形成转动副的拼接如图 2-18 所示。连杆 11 与齿轮 2 形成转动副。视所选用盘杆转动轴 19 的轴颈长度不同,决定是否需用运动构件层面限位套 17。

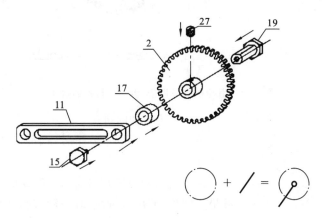

图 2-18 齿轮与连杆形成转动副的拼接(一)

若选用轴颈长度 $L=35$ mm 的盘杆转动轴 19,则可组成双联齿轮,并与连杆形成转动副,如图 2-19 所示；若选用 $L=45$ mm 的盘杆转动轴 19，同样可以组成双联齿轮，与前者不同的是要在盘杆转动轴 19 上加装一运动构件层面限位套 17。

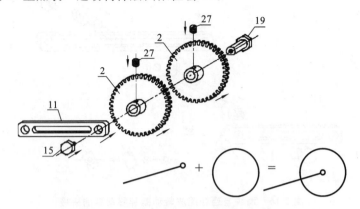

图 2-19 齿轮与连杆形成转动副的拼接(二)

（7）齿条护板与齿条、齿条与齿轮的拼接。

齿轮护板与齿条、齿条与齿轮的拼接如图 2-20 所示。当齿轮相对齿条啮合时，若不使用齿条导向板，则齿轮在运动时会脱离齿条。为避免此种情况出现，在设计齿轮与齿条啮合运动方案时，需选用两块齿条导向板 23 及加长连杆和固定凸轮弹簧用螺栓和螺母 21 并按图示方法进行拼接。

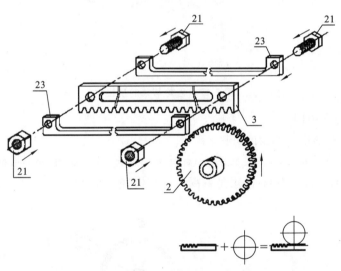

图 2-20 齿轮护板与齿条、齿条与齿轮的拼接

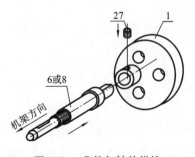

图 2-21 凸轮与轴的拼接

（8）凸轮与轴的拼接。

按图 2-21 所示拼接好后，凸轮 1 与轴 6 或 8 形成一个构件。

若不用内六角紧定螺钉 27 将凸轮固定在轴上，而选用带垫片螺栓 15 旋入轴端面的螺孔内，则凸轮相对轴转动。

（9）凸轮高副的拼接。

凸轮高副的拼接如图 2-22 所示。首先将轴 6 或 8 与机架相连，然后分别将凸轮 1、从动件连杆 11 拼接到相应的轴上去。用内六角紧定螺钉 27 将凸轮紧定轴 6 上,凸轮 1 与轴 6 同步转动;将带垫片螺栓 15 旋入轴 8 轴端的内螺孔中,连杆 11 相对轴 8 做往复移动。高副锁紧弹簧的安装方式可根据拼接情况自定。

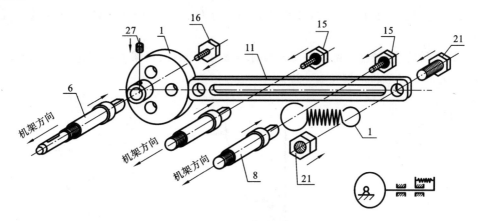

图 2-22 凸轮高副的拼接

提示:用于支承连杆的两轴间的距离应与连杆的移动距离(凸轮的最大升程为 30 mm)相匹配;欲使凸轮相对轴的安装更牢固,可在轴端的内螺孔中加装压紧螺栓 16。

四、实验内容与步骤

(1) 实验课前,根据给定设计题目中的已知数据用作图法进行机构设计(计算出具体杆长)。

① 设计牛头刨六杆机构(见图 2-23),要求满足以下条件:$l_{AB}=200$ mm,$K=1.4$,$l_{EF}=350$ mm,$H=360$ mm。

② 设计牛头刨六杆机构(见图 2-23),要求满足以下条件:$l_{AB}=200$ mm,$K=1.5$,$l_{EF}=350$ mm,$H=360$ mm。

③ 设计牛头刨六杆机构(见图 2-23),要求满足以下条件:$l_{AB}=200$ mm,$K=1.6$,$l_{EF}=350$ mm,$H=360$ mm。

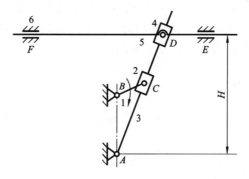

图 2-23 牛头刨六杆机构

④ 设计冲床机构(见图 2-24),要求满足以下条件:$e=100$ mm,$K=1.2$,滑块行程 $h=200$ mm。

⑤ 设计冲床机构(见图 2-24),要求满足以下条件:$e=100$ mm,$K=1.25$,滑块行程 $h=$

200 mm。

⑥ 设计冲床机构(见图 2-24),要求满足以下条件:$e=100$ mm,$K=1.15$,滑块行程 $h=160$ mm。

⑦ 设计冲床机构(见图 2-24),要求满足以下条件:$e=100$ mm,$K=1.2$,滑块行程 $h=160$ mm。

⑧ 设计简易破碎机机构(见图 2-25),要求满足以下条件:机架 $l_{AD}=260$ mm,$K=1.25$,动颚板 $l_{CD}=200$mm,动颚板的摆角 $\psi=60°$。

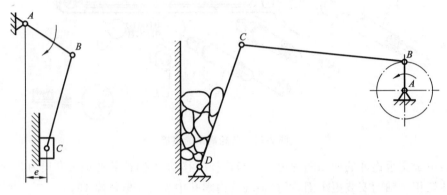

图 2-24　冲床机构　　　　　图 2-25　简易破碎机机构

⑨ 设计简易破碎机机构(见图 2-25),要求满足以下条件:机架 $l_{AD}=240$ mm,$K=1.3$,动颚板 $l_{CD}=200$ mm,动颚板的摆角 $\psi=60°$。

⑩ 设计简易破碎机机构(见图 2-25),要求满足以下条件:机架 $l_{AD}=210$ mm,$K=1.3$,动颚板 $l_{CD}=200$ mm,动颚板的摆角 $\psi=60°$。

(2) 在实验课中,用机构创新设计实验台的各种零件完成课前所设计机构的拼接,要求机构运转灵活,工作准确。

(3) 分析所拼装机构的工作特性(有无曲柄、有无急回特性、有无死点)。

(4) 拼装平面六杆机构,测量有关运动尺寸,绘制机构运动简图,计算自由度,并分析机构的工作特性。

(5) 在完成上述基本实验的基础上,可利用不同的杆组进行机构创新实验,即任选 1~2 个来自工程实践的机构运动方案,根据机构运动简图初步拟定机构运动学尺寸后(机构运动学尺寸也可由实验法求得),进行机构系统运动方案的设计。

五、实验注意事项

(1) 实验前一定要预习实验指导书,拟定实验方案,经指导老师检查认可,方可进行组装实验。

(2) 使用各实验设备要严格遵守实验设备的操作规程。

电机控制器使用注意事项如下。

① 必须在电机控制器的外接电源关闭的状态下进行外接线的连线工作,严禁带电进行连线工作。

② 电机外接线上串接有连线塑料盒,严禁挤压、摔打该塑料盒。

③ 在拼接机构运动前、预设直线电机的工作行程后,务必调整直线电机行程开关相对直线

电机长齿条上滑块座底部的高度,以确保直线电机长齿条上的滑块座能有效碰撞行程开关,使行程开关能灵活动作,从而防止直线电机长齿条脱离直线电机主体或断齿,防止所组装的零件被损坏,确保人身安全。

④ 若出现行程开关失灵情况,立即切断直线电机控制器的电源。

(3)进行拼装时,要轻拿轻放实验装置中的各种零件,不要将零件乱丢乱放以免混乱,不要将零件损坏丢失。

(4)拼装完成后,先以手动的方式查看机构是否能完成运动循环,然后接上电源完成整个实验。

六、实验报告内容及要求

(1)绘制实际拼装机构的机构运动简图,并在简图中标出实测所得的机构运动学尺寸,说明所拼机构的运动传递过程和机构工作特性(有无曲柄、有无急回特性、有无死点等)。

(2)完成下列思考题。

① 简要说明所拼机构的拆分杆组过程,并画出所拆机构的基本杆组和驱动杆组简图。

② 分析图 2-26 所示曲柄滑块机构中曲柄的存在条件是什么?

③ 机构演化的方法有哪些?曲柄滑块机构、曲柄摇块机构、摆动导杆机构之间的演化用了哪种方法?

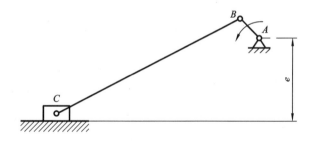

图 2-26　曲柄滑块机构

实 验 记 录

机构名称：

各运动副之间的尺寸：

机构运动情况分析：

自由度计算：

机构有无曲柄？

机构有无急回特性？

机构运转过程中有无死点？

机构名称：

各运动副之间的尺寸：

机构运动情况分析：

自由度计算：

机构有无曲柄？

机构有无急回特性？

机构运转过程中有无死点？

平面机构特性分析

实验背景：平面机构是指所有构件都在同一平面或相互平行的平面内运动的机构。平面连杆机构是由若干构件以低副的形式连接而成的,由于低副是面接触,加工容易,润滑较好,可承受较大的冲击载荷,故低副的应用十分广泛。齿轮机构是现代机械中应用较为广泛的一种传动机构,用于传递两轴间的运动和动力。本实验以连杆机构和齿轮机构为典型,分析这两种平面机构的各种性质,以加深学生对基础理论知识的理解,为更好地设计和应用基础理论知识打下扎实的基础。

一、实验目的

（1）通过对连杆机构的分析和测量、计算,加深对机构工作特性(包括极位夹角 θ、行程速比系数 K、压力角 α、传动角 γ 以及死点位置等)的理解。

（2）了解齿轮机构啮合传动应满足的三个条件,并掌握实际啮合线的度量方法。

（3）熟悉齿轮机构几何尺寸的计算及重合度的计算,分析中心距变化对重合度的影响。

二、实验原理

1. 平面连杆机构的工作特性

机构的工作特性包括运动特性和传力特性。运动特性包括构件具有整转副的条件、从动件的急回运动特性及运动连续性。传力特性包括压力角 α 和传动角 γ、机构的死点位置及机械增益。

从动件的急回运动程度用行程速比系数 K 来表示,K 的定义为从动件回程平均角速度和工作行程平均角速度之比。

极位夹角 θ 的定义是指当机构的从动件分别位于两个极限位置时,主动件曲柄的两个对应位置之间所夹的角度。四杆机构的极位夹角如图 3-1 所示。

θ 和 K 之间的关系为

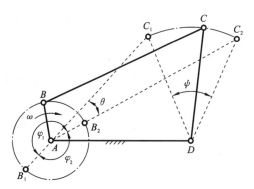

图 3-1　四杆机构的极位夹角

$$\theta=\frac{K-1}{K+1}\times 180°, \quad K=\frac{180°+\theta}{180°-\theta} \quad (3\text{-}1)$$

机构具有急回特性必有 $K>1$,此时极位夹角 $\theta>0$。

压力角和传动角是很重要的两个概念。压力角是指在不计摩擦时,机构从动件上某点所受驱动力的作用线与此点速度方向线之间所夹的锐角,用 α 表示;传动角为压力角之余角,用 γ 表示。四杆机构的压力角和传动角如图 3-2 所示。

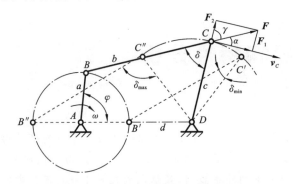

图 3-2　四杆机构的压力角和传动角

压力角是衡量机构传力性能好坏的重要指标。因此,对于传动机构,应使 α 角尽可能小(γ 尽可能大)。

连杆机构的压力角(或传动角)在机构运动过程中是不断变化的,从动件处于不同位置时有不同的值,在从动件的一个运动循环中,γ 角存在一个最小值。在设计连杆机构时,应注意使 $\gamma_{min} \geqslant [\gamma]$。$[\gamma]$ 为传动角许用值,一般机械推荐 $[\gamma] = 40° \sim 50°$。

机构在运动过程中,当从动件的传动角 $\gamma = 0°$($\alpha = 90°$)时,从动件所受的驱动力与从动件受力点的运动方向垂直。从动件所受驱动力的有效分力等于零时,机构不能运动,称机构此时所处的位置为死点位置。

在曲柄摇杆机构或曲柄滑块机构中,若以曲柄为主动件,这两种机构均不存在死点位置。只有以摇杆或滑块为主动件、以曲柄为从动件时机构才存在死点位置,即当连杆与曲柄共线时为死点位置,此时压力角为 90°,传动角为 0°,曲柄所受的转动力矩为零,再大的力也不能使曲柄转动。死点位置是在不计摩擦的情况下机构所处的特殊位置,利用惯性或其他办法,机构可以通过死点位置,正常运动。

2. 理论啮合线与实际啮合线

由于基圆内无渐开线,故对于足够长的一对渐开线而言,基圆的内公切线的两个切点 N_1 和 N_2 分别为起始啮合和终止啮合的极限点(见图 3-3),也就是说基圆的内公切线 $\overline{N_2 N_1}$ 是啮合线的极限长度,称为理论啮合线。由于齿轮上所用的渐开线齿廓的长度受到齿顶圆的限制,所以一对有限长的渐开线齿廓的实际啮合线 $\overline{B_2 B_1}$ 的长度小于理论啮合线 $\overline{N_2 N_1}$。B_2、B_1 点在理论啮合线 $\overline{N_2 N_1}$ 上的位置,由两个齿顶圆与理论啮合线 $\overline{N_2 N_1}$ 的交点来确定。

三、实验设备

(1)铰链四杆机构模型。
(2)齿轮机构模型。

四、实验内容与步骤

1. 铰链四杆机构工作特性分析

(1)将铰链四杆机构的杆长调整为以下长度:$l_1 = 50$ mm,$l_2 = 100$ mm,$l_3 = 80$ mm,$l_4 = 90$ mm。

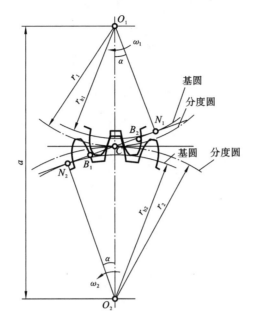

图 3-3 标准齿轮外啮合传动

（2）按比例尺 $\mu_l = 2$ mm/mm（实际尺寸/图上尺寸），绘制机构运动简图。

（3）作图求出机构（以曲柄为主动件时）的极位夹角 θ，计算出机构的行程速比系数 K。

（4）指出死点位置，分析机构出现死点的条件。

（5）画出机构（以曲柄为主动件时）任一位置的压力角 α 和传动角 γ，求出机构最小传动角 γ_{min}。

2. 齿轮机构工作特性分析

（1）根据已知参数（$z_1 = z_2 = 25$、$m = 8$ mm、$\alpha = 20°$、$h^* = 1$ mm、$c^* = 0.25$ mm）计算齿轮的几何尺寸 d、d_b、d_a、d_f、a、p_b。

（2）作齿轮机构啮合图，即画出中心距和两轮基圆、分度圆、齿顶圆、齿根圆、啮合线，建议 $\mu_l = 2$ mm/mm。

（3）作图求出啮合线长度 $\overline{B_2 B_1}$，并计算重合度 ε_a。

（4）当实际中心距 $a' = 205$ mm 时，作出齿轮机构实际啮合图，并由图量出啮合线实际长度 $\overline{B'_2 B'_1}$，计算实际重合度 ε'_a）。

五、实验报告内容及要求

（1）在实验中务必使用铅笔、直尺、圆规规范作图。

（2）完成下列思考题。

① 如何用传动角 γ 来判断机构传力性能的优劣？

② 举例说明死点位置在工程应用上的利弊。

③ 一对齿轮啮合传动的正确啮合条件是什么？一对齿轮啮合传动的无侧隙啮合条件是什么？一对齿轮啮合传动的连续传动条件是什么？

④ 实际中心距增大时，齿轮传动的重合度是怎样变化的？

实 验 记 录

铰链四杆机构工作特性分析：

齿轮机构参数计算、啮合线绘制、重合度计算：

基本平面机构设计及运动学分析

实验背景：设计新的机械或分析现有机械的工作性能时，首先应计算或测试机构的运动参数，对机构进行运动分析。机构运动参数测定有助于更直观地了解各种单个机构的运动规律及组合机构的运动规律，确定机构某些构件上特征点的轨迹、位移、速度和加速度。比较这些机构之间的性能差别和应用范围，有助于提高机构设计与分析能力。

一、实验目的

（1）了解机构几何参数对运动性能的影响，加深对机构运动学（机构理想运动规律、机构真实运动规律）基本理论知识的认识。

（2）了解机构运动参数检测、仿真和分析的原理和方法。

（3）掌握各种常用机构的运动规律和特点。

（4）比较机构实测运动曲线与模拟仿真运动曲线的差异，并分析原因。

二、实验原理

设计任何新的机械，都必须进行运动分析工作，以确定机械是否满足工作要求。

机构运动分析的任务是根据机构运动简图及原动件的运动规律，确定机构中其他构件上相关点的轨迹、位移、速度和加速度，相关构件的位置、角位移、角速度和角加速度等运动参数。

运动分析的目的是为机械运动性能和动力性能的研究提供必要依据，运动分析是了解、剖析现有机械和优化、综合新机械的必要环节。

机构运动分析的内容包括位置和轨迹分析、速度分析和加速度分析。

位置和轨迹分析是机构运动分析的基础。通过对机构的位移和轨迹进行分析，可考察某构件或构件上某点是否满足预定位置和轨迹的要求，并可确定从动件完成行程所需的运动空间，据此判断机构运动中是否产生干涉或确定机器的外壳尺寸，同时还可以为机构设计获取某些特殊轨迹。

速度分析是加速度分析及确定机器动能和功率的基础。通过对机构进行速度分析，还可验证从动件速度的变化能否满足工作要求。

在高速机械和重型机械中，构件的惯性力往往较大，这对机械的强度、振动和动力性能均有较大的影响。为了确定惯性力，必须对机构进行加速度分析。通过对机构进行加速度分析，可以确定各构件及构件上某些点的加速度，了解机构加速度的变化规律。这是计算构件惯性力和研究机械动力性能的必要前提。

运动分析的方法主要有实验法、图解法和解析法。

机构的运动规律是由各构件的质量、摩擦、转动惯量和作用于各构件上的外力等多方面的因素决定的。作用在机械上的外力的变化引起机构运动和动力输入轴（主轴）的角速度波动。

实际上,原动件的运动并不是等速运动,整个系统输出运动也不是理想的运动状态。过大的速度波动会影响机械的正常工作,甚至导致系统产生振动和噪声,使运动副中产生过大的动负荷,从而缩短机械的使用寿命。然而,这种波动大多又是不可避免的。

三、实验设备

(1) 曲柄(导杆)摇杆机构设计及运动分析实验台。
(2) 曲柄(导杆)滑块机构设计及运动分析实验台。
(3) 凸轮机构设计及运动分析实验台。
(4) 槽轮机构运动分析实验台。
(5) 实验台软件系统。

四、实验内容与步骤

(1) 确定机构类型(曲柄(导杆)摇杆机构、曲柄(导杆)滑块机构、凸轮机构、槽轮机构)。
(2) 确定机构中各构件的尺寸,并进行安装。
(3) 将机构检测和控制连线与控制箱和计算机相连。
(4) 打开电源,进入相关机构的设计和检测软件界面。
(5) 在安装可靠的情况下,控制、调整转速,使机构平稳转动,测试构件实测运动曲线及相应的模拟仿真运动曲线。
(6) 在进行机构设计时,可利用软件虚拟仿真构件的运动轨迹,可辅助设计出实现预定运动要求的机构。
(7) 实验完毕,打印运动曲线,标注并仔细分析。
(8) 关闭计算机及实验台电源。

五、实验报告内容及要求

(1) 在实验中做好有关实验参数和数据的记录,打印并标注机构主动件和从动件的运动曲线。
(2) 完成下列思考题。
① 根据测试所得的运动曲线,分析机构主动件和从动件的运动规律。
② 比较实测运动曲线和模拟仿真运动曲线的区别,分析原因,并指出速度最大和加速度最大的位置。

实 验 记 录

机械的平衡

实验背景：在现代机械产品设计中，经常采用高精度的高速转轴。材料缺陷、制造误差、结构不对称等往往导致工件的质量分布不合理，造成机器在运转中产生附加的离心惯性力，从而产生轴承的附加负荷，加剧磨损，形成振动和噪声，缩短产品的寿命，严重的还会引起共振、断裂，危及人身安全。因此，必须对回转件进行动平衡校正，这成为动力、汽车、电机、机床、化工、食品等工业及设备制造中必不可少的工艺措施之一。

一、实验目的

（1）验证和巩固刚性回转体平衡理论和方法，明确动平衡和静平衡适用的场合，以及动平衡和静平衡之间的区别和联系。

（2）掌握动平衡机的工作原理和方法。

（3）通过对机架振动加速度的测试，了解机构惯性力对机架振动的影响；掌握机构惯性力在机架上的平衡概念和方法。

二、实验原理

机械在运转时，运动构件所产生的不平衡惯性力将在运动副中引起附加的动压力。这不仅会增大运动副中的摩擦和构件中的内应力，降低机械的效率，缩短机械的使用寿命，而且由于这些惯性力的大小和方向一般都是呈周期性变化的，所以必将导致机械及其基础产生强迫性的振动。这种振动不仅会导致机械的工作精度和可靠性下降，还会产生噪声污染。如果振幅较大，或频率接近机械的共振频率，则将带来极其不良的后果，不仅影响到机械本身的正常工作和使用寿命，而且使附近的工作机械及厂房建筑受到影响甚至遭到破坏。为了完全或部分地消除惯性力的不良影响，必须研究机械中惯性力的变化规律，设法减小甚至消除构件的不平衡惯性力，这就是机械平衡的目的。

在机械中，由于结构和运动形式不同，各构件所产生的惯性力和所采用的平衡方法也不同。据此，机械的平衡问题可分为以下两类。

1. 转子的平衡

机械中绕某一固定轴线回转的构件称为转子。当转子的质量分布不均匀，或由于制造误差而造成质心与回转轴线不重合时，转子在转动过程中将产生离心惯性力。转子可分为刚性转子和挠性转子。本实验只讨论刚性转子。

1）刚性转子的静平衡

对于径宽比 $D/b \geqslant 5$ 的转子，如齿轮、盘形凸轮、砂轮、带轮、链轮及叶轮等构件，可近似地认为它的不平衡质量分布在同一回转平面内。所谓刚性转子的静平衡，就是利用在刚性转子上加减平衡质量的方法，使刚性转子的质心移到回转轴线上，从而使刚性转子的惯性力得以平衡

（即惯性力之和为零）的一种平衡措施。

2）刚性转子的动平衡

对于径宽比 $D/b<5$ 的转子，如曲轴、汽轮机转子等构件，由于轴向宽度较大，它的质量沿轴线分布在若干个互相平行的回转平面内。在这种情况下，即使转子的质心 S 在回转轴线上，但由于各偏心质量所产生的离心惯性力不在同一回转平面内，因而形成惯性力矩，造成不平衡。这种不平衡，只有在转子运动的情况下才显示出来，故称为动不平衡。刚性转子的动平衡，就是要平衡各偏心质量产生的惯性力和由惯性力产生的惯性力矩。

对于动不平衡的任一刚性转子，无论它的不平衡质量分布在几个不同的回转平面内，只需要在任选的两个平衡平面内分别加上或除去一个适当的平衡质量，即可得到完全平衡。另外，由于动平衡同时满足静平衡条件，所以经过动平衡的转子一定是静平衡的；反之，经过静平衡的转子不一定是动平衡的。

由于材质不均匀、加工制造或装配误差等原因，实际生产出来的转子在运转时还是会出现不平衡现象。这种不平衡现象在设计阶段是无法确定和消除的，需要通过试验的方法来对刚性转子做进一步的平衡。

2. 机构的动平衡

在一般的平面机构中，总是存在着做往复运动或平面复合运动的构件，这些构件的总惯性力和总惯性力矩并不能像刚性转子那样由构件本身来平衡，而必须对整个机构进行平衡。

设机构中活动构件的质量为 m，机构质心 S 的加速度为 a_S，则机构作用于机架上的总惯性力 $F=-m \cdot a_S$，由于 m 不可能为零，所以欲使总惯性力平衡即 $F=0$，必须使 $a_S=0$，也就是说机构的质心 S 应做等速直线运动或静止不动。然而，由于机构的运动是周期性的，它的质心不可能总是做等速直线运动，因此欲使 $a_S=0$，唯一可能的方法是使机构的质心静止不动。根据这个推断，在对机构进行平衡时，可通过对构件进行合理布置、增加平衡质量或加平衡机构等方法使机构的质心 S 落在机架上或尽量靠近机架并且固定不动。

机构质心的位置是难以测定的，因此，通过测量具有弹性支承的机架在水平方向振动加速度的大小，定性地了解机构惯性力对机架的平衡情况，可以判断机构动态特性的优劣。

三、实验设备

1. 导轨式静平衡架

静平衡实验设备比较简单，一般采用带有两根平行导轨的静平衡架（称为导轨式静平衡架，见图 5-1）。为了减少轴颈与导轨之间的摩擦，导轨的端口常做成刀刃状或圆弧状。

图 5-1　导轨式静平衡架

2. 动平衡机

动平衡机的用途是确定加在两个平衡平面上平衡质量的大小和方位。当前使用较多的动平衡机是根据振动原理设计的,它通过测振传感器将因转子转动而产生的惯性力所引起的振动信号转化为电信号,再通过电子线路处理和放大,最后用电子仪器显示出被测转子的不平衡质径积的大小和方位。图 5-2 所示为一种动平衡机的工作原理示意图。

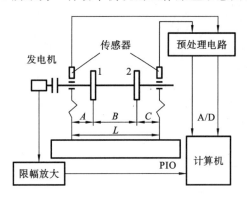

图 5-2 动平衡机的工作原理示意图

该动平衡机的硬件由机械部分、振动信号预处理电路和电子计算机三个部分组成。它以动平衡机主轴箱端部的发电机信号作为转速信号和相位基准信号,经处理得到方波或脉冲信号,从而使计算机的 PIO 口触发中断,使计算机开始和终止计数,测出转子的旋转周期。由测振传感器拾取的振动信号经过滤波和放大,输入 A/D 转换器,再输入计算机,由信号处理软件进行数据采集和解算,可得出两个平衡平面上所需添加平衡质量的大小和相位。

3. 机构动平衡试验台

机构动平衡试验台主要由被测对象(机构)、传感器及其中间变换器、信号自动采集和处理系统、计算机四个部分组成。

1) 机构

(1) 曲柄摇杆机构。

曲柄摇杆机构(见图 5-3)的原动件为曲柄,从动件为摇杆。该机构中的两个平衡盘分别与曲柄、摇杆同步旋转,功用是锁定平衡铁块,即用螺栓将所需的平衡铁块锁定在平衡盘的长圆孔中,使机构的惯性力得到不同程度的平衡。

曲柄摇杆机构动平衡试验台的机座搁置在橡胶垫上,可近似认为曲柄摇杆机构动平衡试验台具有有两个振动自由度的弹性机座,故它的力学本质是一个两自由度的振动系统。

(2) 曲柄滑块机构。

图 5-4 所示的曲柄滑块机构为对心曲柄滑块机构,它的原动件为曲柄,从动件为滑块。

曲柄滑块机构中的平衡盘与曲柄同步旋转,功用是锁定平衡铁块,即用螺栓将平衡铁块锁定在平衡盘的长圆孔中,使机构的惯性力得到不同程度的平衡。

曲柄滑块机构动平衡试验台中配有 4 个磁铁,每个磁铁的质量为 65 g,将它们吸附在滑块的表面,可使滑块的质量增加 260 g。可对不同质量滑块的曲柄滑块机构的惯性力进行比较,从而加深滑块质量对机构惯性力影响的认识。

曲柄滑块机构动平衡试验台的力学本质同样可以近似认为是一个两自由度的振动系统。

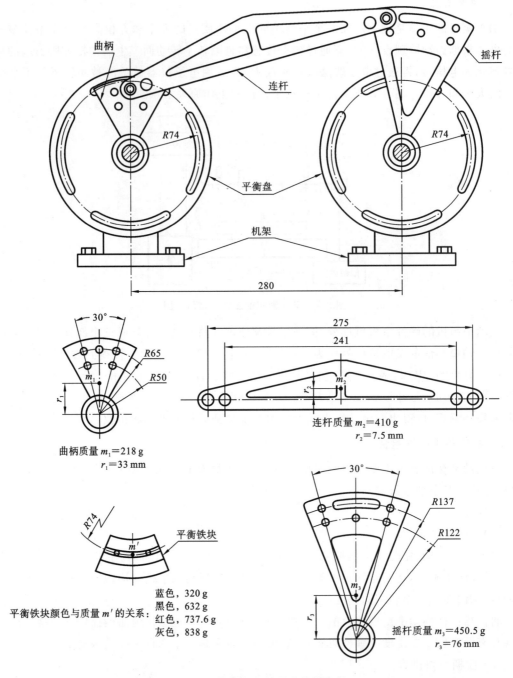

图 5-3　曲柄摇杆机构及其相关参数

2）传感器及其中间变换器

压电加速度计（见图 5-5）由底座、质量块、敏感元件和外壳组成，是利用压电陶瓷的压电效应（某些电介质在沿一定方向上受外力作用而变形时，内部产生极化现象，受极化方向作用力时，垂直表面上产生的电荷量与作用力成正比，当外力去掉时，重新回到不带电状态，这种机械能转变成电能的现象，称为压电效应）制造出的一种机电换能产品。

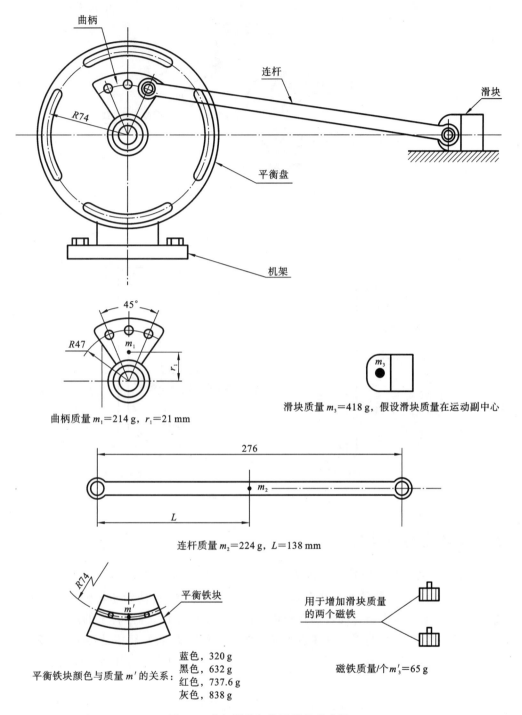

曲柄

连杆

滑块

平衡盘

机架

R74

45°

R47

m_1

r_1

曲柄质量 $m_1=214$ g, $r_1=21$ mm

m_3

滑块质量 $m_3=418$ g, 假设滑块质量在运动副中心

276

m_2

L

连杆质量 $m_2=224$ g, $L=138$ mm

R74

平衡铁块

m'

平衡铁块颜色与质量 m' 的关系：
蓝色，320 g
黑色，632 g
红色，737.6 g
灰色，838 g

用于增加滑块质量
的两个磁铁

磁铁质量/个 $m'_3=65$ g

图 5-4　曲柄滑块机构及其相关参数

电荷放大器(见图 5-6)是一种输出电压与输入电荷量成正比的低噪声放大器,与压电加速度计和其他压电式传感器配接,可测试振动冲击、动态力等机械量。在加速度的测试中,校正因子数值等于所设定的电荷放大器实际量程挡的数值,即对应电荷放大器前面板上量程"mV/Unit"挡所设定的数值,也即信号的放大倍数。

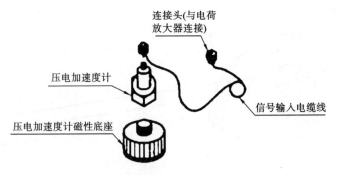

图 5-5　压电加速度计、信号线和磁性底座

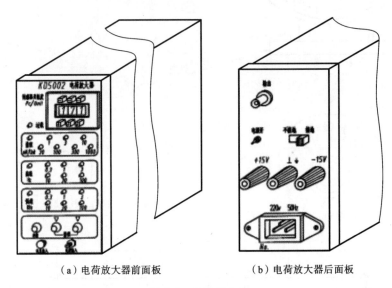

（a）电荷放大器前面板　　　　　（b）电荷放大器后面板

图 5-6　电荷放大器

四、实验内容与步骤

（1）运用导轨式静平衡架对刚性转子进行静平衡实验。

实验时先调整好两导轨的水平状态,然后把转子放到轨道上,使转子轻轻转动。如果转子不平衡,则偏心引起的重力矩将使转子在轨道上滚动。当转子停止时,转子的质心 S 必处于轴心的正下方。这时,在轴心的正上方任意半径处加一平衡质量,再轻轻拨动转子。反复试验,不断调整平衡质量,直至转子能在任何位置保持静止,说明转子的质心与其回转轴线趋于重合,即完成转子静平衡实验。

（2）对于径宽比 $D/b<5$ 的刚性转子,运用动平衡机进行动平衡实验。采用在两个选定平面内加上质量的方法,使转子达到符合要求的平衡精度。

（3）通过测量具有弹性支承的机架在水平方向振动加速度的大小,定性地了解机构惯性力相对机架的平衡情况。

① 机构惯性力相对机座不平衡时,测定机架在水平方向的振动加速度。

② 在曲柄后平衡盘上加合适质量的平衡块,使机构的惯性力部分平衡,测定机架在水平方向的振动加速度,并与情况①进行比较。

③ 在曲柄滑块机构中滑块质量增加的情况下,测定机架在水平方向的振动加速度,并与情况①或情况②进行比较。

五、实验注意事项

(1) 实验室已将传感器与各构件固连好,未经指导教师允可,学生不得擅自拆卸。

(2) 进行传感器信号线的连接与断开之前,务必切断外接电源。

(3) 将信号头插入信号座时,以信号头的缺口方向对准信号座上的小销柱后轻轻插入,再行右旋;退出时,先行左旋,再轻轻拔出信号头。

(4) 在采集数据之前,即在机构运动之前,必须将机构安全罩卡死在桌面上的固定螺栓内,检查有无因机构运动而导致的人身安全问题,在排除安全隐患后,方可使机构运动,并进行数据采集。

(5) 为安全起见,在采集信号数据前接通机构的电源,信号数据采集完毕后,立即断开机构的电源,再进行下面的实验工作。

(6) 在挪动压电加速度计时,切勿以压电加速度计或信号输入电缆线为支取点拿取,应以压电加速度计磁性底座为移动支承体。

六、实验报告内容及要求

(1) 在实验中做好有关实验参数、数据的记录和打印。

(2) 回答下列思考题。

① 家用吊扇叶片的平衡问题属于刚性转子的静平衡问题还是刚性转子的动平衡问题?汽车轮胎的平衡问题属于刚性转子的静平衡问题还是刚性转子的动平衡问题?

② 为什么实际生产出来的转子在运转时会出现不平衡现象,而且这种不平衡现象在设计阶段是无法确定和消除的,需要通过试验的方法来对刚性转子做进一步平衡?

③ 刚性转子静平衡与动平衡之间的联系和区别是什么?

④ 平面机构有哪些常用的平衡方法?

实 验 记 录

实验 6

机械创新设计

实验背景：制造的灵魂是设计，设计的灵魂是创新。机械创新设计是指设计者充分发挥创造力，设计出更具竞争力的机械新产品的设计实践活动。本实验用各种设计新颖的机电产品或模型，配合相应的图文资料，介绍机械创新设计的基本原理与基本方法，对启迪创新思维、提高机械创新意识与创新设计能力具有重要的作用。

一、实验目的

（1）了解创造学、创造与创新设计的概念、方法、思路等。
（2）了解创造性思维的特点与方式以及创造性思维在设计中的应用。
（3）了解机械创新设计的各种方法。
（4）了解机械创新设计的整个过程。
（5）开阔学生的视野，提高学生的学习积极性，启发学生的创新思维。

二、实验原理

创造与创新设计的特点是具有新颖性、创造性和实用性。

根据设计的内容特点，机械创新设计通常有开发设计、变异设计和反求设计等基本类型。其中，开发设计是从产品应有的功能出发，去构思新的技术方案的过程；变异设计是针对已有产品的缺点或新的工作要求进行的改进设计；反求设计是针对已有的先进产品，在分析消化吸收其关键技术的基础上，设计出同类型的产品的过程。

在创新设计过程中，通常要解决原理方案创新、结构方案创新和外观设计创新等问题。

三、实验设备

本实验所需的实验设备是创造学与创新设计教学陈列柜。创造学与创新设计教学陈列柜主要介绍创造学与创新设计在机械创新设计中的应用。

创造学是揭示人类创造活动规律、开发人的创造力的一门科学。将创造学的基本原理与方法应用于机械设计有利于提高设计者的创新设计能力，促进新产品的发展。

1. 第一柜

第一柜以斜拉桥、谐波齿轮传动为例介绍创造与创新设计。

竖琴式斜拉桥又称无背索斜塔斜拉桥。它的创新点在于依靠单边拉索和塔的质量，以及适当的倾斜来实现桥的平衡。在此之前的斜拉桥都是有背索的直斜拉桥，主要靠直塔及两边的拉索保持桥的平衡。

齿轮传动在机械中应用十分广泛，它的功能是传递运动和转矩。大部分齿轮传动用的是刚性齿轮，而谐波齿轮传动中创造性地使用了可以变形的柔性齿轮（简称柔轮）。谐波齿轮传动的结构由三个基本构件组成,即激波器、刚性内齿轮和柔轮。装在转臂上的激波器装入柔轮后,迫使柔轮从圆形变为椭圆形,椭圆形柔轮长轴端附近的齿与刚性内齿轮的齿完全啮合;短轴端附近的齿与刚性内齿轮的齿完全脱离;在其他周段上的齿,有的处于啮合状态,有的处于啮出状态。当激波器连续转动时,柔轮的变形部位也随之转动,使柔轮的齿依次进入啮合,然后退出啮合,从而实现啮合传动。在传动过程中,柔轮产生的弹性变形波近似于谐波,故这种齿轮传动又称为谐波齿轮传动。谐波齿轮传动具有传动比大、体积小、效率高、装配方便等特点。

2. 第二柜

第二柜主要以动力机械创新为例阐述创造性思维的特点与方式。

创新设计往往是创造性思维劳动的结晶,从事机械创新设计不仅需要机械设计方面的知识,而且需要创造性思维的支持。

首先,列举改进型内燃机的设计。内燃机是常见的动力设备。常见的往复式活塞内燃机的主体机构是曲柄滑块机构。在创新设计过程中,有人用六杆机构代替了单一的曲柄滑块机构,结果减少了活塞与气缸盖之间的摩擦。

传统的往复式活塞内燃机在结构上离不开曲轴、活塞、气缸等零件。新设计的无曲轴式活塞内燃机没有曲轴,而是以凸轮机构代替传统的往复式活塞内燃机的曲柄滑块机构,取消原有的关键零件曲轴是创造性思维的体现。这种设计可减少零件数量、简化结构、降低成本。若将圆柱凸轮安装在内燃机中心部位,则可在圆柱凸轮的周围设置多个气缸,制成多缸内燃机。通过改变凸轮轮廓的形状,可以改变输出轴的转速,达到减速、增距的目的。这种凸轮式无曲轴内燃机已应用于船舶、重型机械、建筑机械等行业。

在改进往复式活塞内燃机的过程中人们发现,直接将燃料的动力转化为回转运动是更合理的途径。基于这种创造性思维,旋转式内燃机的构思脱颖而出。旋转式内燃机由椭圆形的缸体、三角形转子、行星齿轮机构、吸气口、排气口和火花塞等组成,运转时同样有吸气、压缩、燃爆做功和排气等四个动作。由于三角形转子有三个曲面,因此,每转一周有三个动力冲程,而且三角形转子的每个表面与缸体的作用,相当于往复式的一个活塞和气缸依次平稳连续地工作。转子各表面还兼有开闭进、排气阀门的功能设计。与传统的往复式活塞内燃机相比,在输出功率相同的情况下,旋转式内燃机具有体积小、质量轻、噪声小、旋转速度范围大以及结构简单等优点。

随着科学技术的进步,人们开始重视对新能源的研究。利用太阳能的光电动机应运而生,这种光电动机利用太阳能电池提供电动机转动能量。光电动机转动时,太阳能电池也随着转动,动力由光电动机轴输出。由于受光面连成一个三角形,即使光的入射方向改变,也不影响正常启动,这样光电动机就将光能转变成了机械能。

通过这些创新设计实例,我们可以发现:在求解设计问题时,往往有两种思维方式在左右设计者,一种是再现性思维,另一种是创造性思维。再现性思维往往使设计者拘泥于传统的设计经验或设计规范习惯,通过类比与模仿进行设计。创造性思维使设计者力图突破常规思维的逻辑通道,用新思路去求解问题。运用创造性思维进行设计,有利于构思出新颖独特的技术方案。与再现性思维相比,创造性思维具有开放性、求异性和非显而易见性等基本特征。创造性思维可以有多种方式,常见的创造性思维有发散思维、逆反思维、横向思维、想象、联想、灵感等。

3. 第四柜

第四柜介绍缺点列举法。

缺点列举法是一种通用性的创造技法，是指从完善现有产品出发，通过列举产品的缺点来获取创意，并提出改进方案的创造技法。

同步带传动又称同步齿形带传动，它与平带传动或 V 带传动的最大区别在于它的传动胶带和带轮具有齿形。同步带传动机构工作时靠带齿与轮齿啮合实现传动。人们之所以设计这种新型带传动，是希望克服平带传动和 V 带传动的缺点——带与带轮之间有相对滑动，不能保证两轮的圆周速度同步，影响传动的准确性。同步带传动克服了这一缺点，能应用于传动比恒定的场合。

另外，在一般的结构中，带轮与轴通过键连接以传递扭矩，但是，这种结构有一个缺点，即轴同时还要承受弯曲载荷。在工作要求较高的地方，如机床主轴处的带传动，人们设计了带轮卸载机构。通过改进设计，使弯矩和扭矩分别由不同零件的承担，提高了结构整体的承载能力。

离心鼓风机利用叶轮离心旋转送风，而罗茨鼓风机的送风原理不同于离心式鼓风机，它利用一对叶轮啮合运动实现变容增压送风的目的。回转容积式罗茨鼓风机的发明是流体机械领域的一项重大突破。设计者主要是针对一般罗茨鼓风机工作噪声大、污染环境的缺点，改进设计了三叶罗茨鼓风机。三叶罗茨鼓风机主要由叶轮、斜齿同步齿轮、主动轴、从动轴、轴承装置、密封组件和机壳等零件组成。为了降噪，设计者采取了多项措施，如用扭叶轮取代直叶轮、用三叶取代二叶、用斜齿轮取代直齿轮、用胀紧套取代平键连接等。虽然工作原理没有变化，但在工作性能方面有所改进。

世界上任何事物都不可能十全十美，而人们总想使事物尽可能完美。这种愿望是推动人们进行创造与创新设计的一种动力，也是运用缺点列举法创新设计的客观基础。缺点列举法流程图如图 6-1 所示。运用缺点列举法时，应注意学会用对比分析法、市场调研法等方法去列举缺点。此外，要善于分析鉴别缺点，能针对缺点进行改进方案设计。

图 6-1　缺点列举法流程图

4. 第五柜

第五柜重点介绍希望点列举法。

希望点列举法是指从社会需要或消费者愿望出发，通过列举希望点，将模糊的需求转化为明确的设计目标或课题，并进行适应性设计。

由于一些地方环境污染，水质变差。为了健康，人们希望能够喝到清洁卫生的自来水。于是，有人抓住这一希望点，开发出各种各样的自来水净化设备。净水宝是一种家庭用自来水净化产品，它具有运用高科技加工出的滤管，以固相消毒树脂及载银活性炭为净化材料，能够有效地过滤和吸附水源中的二次污染物，抑制细菌的生长，达到净化家庭用自来水的目的。

除了希望有清洁卫生的饮用水外，人们还希望能够在室内呼吸到清新的空气。于是，有人抓住这一希望点，开发出一系列的空气清新器。空气清新器可以利用电离空气、产生臭氧的原理，增加室内臭氧含量，使人感到空气清新，满足人们改善室内空气品质的要求。

追求身体健康或健美是人们的一种希望。为此，创新者从这一希望点出发开发，设计出形形色色的健身或健美器材，供人们对身体进行保健或对某些疾病进行辅助性治疗。例如一种名为曲线美体机的健美器材，它的工作部分为弹性按摩头和红外线灯罩。通电后，使用者可以根据自己的爱好调整弹性按摩头的柔滚强度或转动方向，对身体各部位进行红外线按摩和揉滚按摩。

　　另外,足部按摩有益健康。有一种足部按摩器主要由揉捏滚轮、点压滚轮、控制器和机架组成。通电后,揉捏滚轮和点压滚轮连续旋转,将双足踩在揉捏滚轮或者点压滚轮上,该足部按摩器有深度和有节奏地对双足进行揉捏或点压,刺激足部的穴位,为使用者进行保健或辅助性治疗。

　　运用希望点列举法可按图 6-2 所示的流程进行。要运用好希望点列举法,应注意掌握需求理论。在确定课题后,应注意根据市场导向进行技术方案设计,以确保新产品在功能和性能上能最大限度地满足消费者的需求。

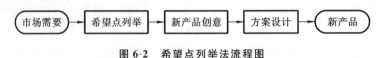

图 6-2　希望点列举法流程图

5. 第六柜

第六柜介绍了移植创造法。

　　通过引用或外推将已有技术成果用于创造的方法是移植创造法。移植创造法的实质是借用已有的创造成果进行新目标下的再创造。

　　有不少电动工具的开发和设计与移植创造法的应用有关。例如气动钉枪,它由腔体、发射器和钉匣等组成。它用风管和接头与气源相连。操作时,在槽内装上所需规格的钉子,用手扣动按钮,钉子从枪口射出,牢固地进入木材之中,省力而且高效。显然,发明这种电动工具的人在方案设计时类比移植了枪械发射子弹的基本原理。还有电锤,它以单相串励电动机为动力源,具有旋转带冲击和旋转两种功能,适用于在混凝土、岩石、砖实体等材料上钻孔。

　　除了气动钉枪和电锤外,第六柜还陈列有石材切割机、砂光机和电剪刀,它们都有效地运用了移植创造法。

　　运用移植创造法可按图 6-3 所示的流程进行。移植的创造性取决于两个领域之间的差异。差异越大,创造性越强,但难度也越大。

图 6-3　移植创造法流程图

6. 第七柜

第七柜介绍了组合创造法。

　　综合就是创造,组合可以创新。将已有的事物组合起来,使得到的组合体在性能或服务功能方面发生变化,以创造新的事物或新的使用价值的方法就是组合创造法。组合方式通常有同物自组、异类组合和分解重组。

　　例如一种电子积木,它由若干个电子元件和连接件组成。儿童可根据所提供的多种电子线路进行组合,有利开发儿童的智力。从设计方法上看,电子积木不仅是移植传统积木的产物,而且运用了分解重组的创造技巧。在机械领域,模块化机床、组合家具、组合工具等都是运用分解重组方法的例子。分解重组使事物的性能得到拓展,这就是创新。

　　陈列柜里的三头电动剃须刀是同物自组的产物。在机械领域,双万向联轴器、多缸发动机以及轮系等都应用了同物自组的创造技法。同物自组使事物的性能发生了变化,这就是创新。

　　应用同物自组或异类自组可以开发设计出形形色色的组合机构。例如,联动凸轮机构由两个凸轮机构组合而成,如利用凸轮 a 和 b 协调配合控制 x 和 y 方向的运动,就可以使滑块上的点准确地实现预定的运动轨迹。还有一种凸轮滑块机构,它由凸轮机构和曲柄滑块机构两种机构组合而成,蚕状凸轮推动 4 个滚子从动件,从而推动 4 个活塞做往复移动。若选取适当的凸轮廓线,则机构的动力性能会比单纯应用曲柄滑块机构优越。由定轴轮系、差动轮系和曲柄摇杆机构所组成的齿轮连杆机构,原动件的运动通过并列的定轴轮系和曲柄摇杆机构输出 2 个不同规律的运动,再加入具有 2 个自由度的差动轮系,汇集成一个运动输出,这种组合机构既可实现复杂的运动函数,也可用于实现特殊的复杂轨迹。

运用组合创造法可参照图 6-4 所示的流程进行。无论采取哪种组合方式,在方案设计时都应努力在性能上实现 $1+1>2$,即通过组合使新事物的功能或性能得到拓展;在结构上达到 $1+1<2$,即要求组合后的新事物在结构上不是事物之间的简单堆砌,而是有机的综合。

图 6-4　组合创造法流程图

7．第八柜

第八柜介绍原理方案创新知识。

原理方案创新设计是产品开发设计中的核心环节。它对产品的结构、工艺、成本、性能、使用和维护等都有很大的影响。针对同一个设计问题,运用发散思维与求异思维,可以提出不同的原理方案。

例如螺纹加工,不仅可以在车床上利用车刀车制螺纹,而且可以在铣床上利用铣刀铣制螺纹,还能利用螺纹搓刀去搓制螺纹。

还有钟的原理方案创新。钟拥有多年的历史。在前期,绝大部分的钟都是机械钟。机械钟离不开发条和齿轮,利用发条的能量驱动齿轮。机械钟在统治了时钟世界多年之后,受到了电子钟的挑战。利用石英振荡计时原理制成的电子钟,突破了钟表一定要有发条和齿轮的思维定式,以结构简单、价格低廉的优势,很快改写了机械钟一统"天下"的历史。

另外,对比传统列车和磁悬浮列车。前者必须通过车轮与轨道接触,才能实现牵引运动,这种机械接触式的轮轨关系带来许多弊端,如摩擦磨损严重、机械噪声大、运行速度难以大幅度提高等。怎样才能克服这些弊端呢?人们一方面在现有技术领域进行技术创新,另一方面探讨新的列车运行原理,结果提出了让列车悬浮后运行的创意。经过人们的创造性设计,磁悬浮列车脱颖而出。这种列车利用超导磁体产生强磁场,运动时强磁场与布置在地面上的线圈相互作用,产生电动斥力,将列车悬浮于轨道上方,再用线性电动机驱动,使列车高速前进。磁悬浮列车克服了传统列车车辆轮轨机械接触引起的弊端,令人刮目相看,有望成为 21 世纪的新型路上交通运输工具。

进行原理方案创新设计最基本的一种方法是功能设计法。功能设计法是指从产品或技术系统应具有的功能出发,进行功能分解、功能求解、方案组合,求得最佳原理方案的创新设计方法。运用功能设计法的要点是要抓住功能要求这一本质,不要先入为主地考虑事物的具体结构。这样可以使思路更为开阔,避免受条条框框的局限。对功能求解,应注意运用发散思维,尽可能地列举功能源的解答,这样有利于创新设计。

8. 第九柜

第九柜介绍了结构变异创新。

结构变异创新是指从一个已知的可行结构方案出发,进行结构要素的合理变换,寻求多解性和新结构方案的过程。结构变异创新主要有局部结构改变、运动副的变化和工作面变异设计等方法。

例如,有一种变异凸轮连杆机构,它以倒置后的凸轮机构代替曲柄,因为凸轮的沟槽有一段凹圆弧,这段凹圆弧的半径等于连杆的长度,故原动件再转过凹圆弧所对应的角度时,滑块会出现停歇状况,即是说,结构变异的结果是使机构获得了新的运动特性。还有另一种变异机构,此机构的主动件连续转动时,从动件间歇直移,它是槽轮机构的变异,槽轮经过斩直便获得了这种新机构。

再例如,有变异导杆机构。常见的导杆机构中导杆呈直线状,滑块在导杆槽中做相对运动;而变异导杆机构导杆槽中线部分做成了圆弧形,且圆弧的半径等于曲柄的长度,圆心在曲柄铰链中心,导杆机构结构变异使它获得了新的运动特性,即导杆在左边极限位置时具有停歇特征。

机构是由构件和运动副组成的。通过运动副的变化,可以对机构进行变异设计。例如,有一个机构模型,它是在低副六杆机构基础上变异得到的新机构。变异时,用高副的凸轮取代低副六杆机构中的曲柄,得到含有高副的凸轮曲柄滑块机构,这种结构变异称为低副高代。通过高副低代也可以实现机构的结构变异,除了高副与低副之间的变化外,还可以通过运动副尺寸的变换和运动副类型的变换,来设计具有不同运动性能的机构。

零件工作面的变异也是结构创新的一个途径。零件工作面变异设计的例子如下:原设计为两个凸球面接触,两个变异设计为凸球面与平面接触、凸球面与凹球面接触。不同的工作面设计具有不同的性能,原设计的综合曲率半径较小,接触应力大;变异设计方案使综合曲率半径变大,接触应力下降,能够提高支承的强度和刚度。工作面变异设计的实质是改变决定机械功能的相对运动零件的表面,即功能面。当功能面的形状、尺寸、大小、数量、相对位置、排列顺序等发生变化时,有可能影响结构的性能。

变异设计就是力图从功能面的变异中,找到有利于提高性能的结构方案。

9. 第十柜

第十柜简明扼要地介绍了专利申请的有关知识。

通过发明创造或创新设计实践,可能获得技术创新成果。为了保护自己的知识产权,可以考虑就新技术成果申请专利。专利是专利权的简称,它是指就一项发明创造向专利局提出专利申请,经审查合格后授予的那种专有权。专利权是一种无形的知识产权。

专利法保护的发明创造成果有发明、实用新型和外观设计。专利法所称发明是指对产品方法或者其改进所提出的新的技术方案。例如,一种低噪声齿轮传动在设计上采用了拓宽齿轮参数的方法,大胆突破了变位系数不能小于1且齿顶高系数只可取1或者0.8的设计规范,结果大大降低了齿轮传动的噪声。这种新的低噪声齿轮设计方法因具备新颖性、创造性和实用性而获得了发明专利。

实用新型是指对产品的形状、构造,或者其结合所提出的适于实用的新的技术方案。新产品要获得实用新型专利,应当具备新颖性、创造性和实用性的条件。实用新型是一种新技术方案,在这一点上它同发明没有区别,实际上它的确也是一种发明,只是对它的创造性要求较低,实用新型必须是产品。方法发明,无论是大发明还是小发明,都不能申请实用新型专利,只能申请发明专利。实用新型必须是有形状、构造的产品。这里讲的形状是指宏观形状构造,不包括微观形状构造,没有形状的产品,如气态、液态、膏状、浆状、粉末状、颗粒状的产品,不能申请实用新型专利。

外观设计是指对产品的形状、图案、色彩或其结合所做出的富有美感,并适于工业上应用的新设计。产品要获得外观设计专利,应当具备新颖性、独创性的条件。外观设计也叫新式样,它不是技术方案,这一点同发明、实用新型大不相同。实用新型也讲产品的形状,但必须是为了达到某种技术目的,如果没有技术上的功能,只是为了美观,就不能申请实用新型专利,而只能申请外观设计专利。外观设计必须是对产品外表所做的设计。如果仅仅是一幅图画,没有用于什么产品之上,就不是外观设计。产品或产品包装是外观设计的载体。

申请专利首先要对成果进行专利性判断,这是创新成果获得专利的实质性条件。申请专利必须提交请求书、说明书、权利要求书等有关申请文件。写作这些申请文件需要有专门的知识。申请专利可以委托专利代理人办理,经过国家知识产权局受理和审查通过后,申请者便能获得专利权。对于获得专利权的发明创造成果,专利权人应尽快想方设法将其转让,或自己将它转化为新产品,将潜在的财富变为现实的财富。

四、实验内容与步骤

参观机械创新设计实验室,使学生对机械创新设计形成初步的了解,在今后的学习中和进行机械设计时对机械创新设计有一定的感性认识,开阔视野,提高学习的积极性,并使创新思维得到启发。

有组织、有计划、有目的地参观机械创新设计实验室,要求在参观的同时做好记录。

五、实验报告内容及要求

(1)在实验中做好有关实验参数和数据的记录。参观完机械创新设计实验室后,学生应写出一份观后感。

(2)完成下列思考题。

① 图 6-5 所示是什么儿童玩具?或者给它取个名称。

② 图 6-6 所示是什么东西?估计它能干些什么?

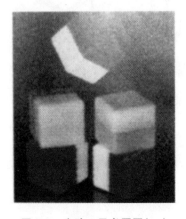

图 6-5 实验 6 思考题图(一)

图 6-6 实验 6 思考题图(二)

③ 图 6-7 所示的东西能够做出来吗？为什么？

④ 图 6-8 所示的两种设计方案，你认为哪种方案较好？为什么？

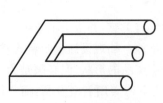

图 6-7　实验 6 思考题图（三）

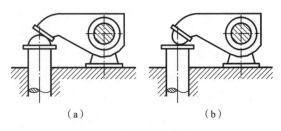

（a）　　　　　　　（b）

图 6-8　实验 6 思考题图（四）

⑤ 图 6-9 中能看得见的小立方体有多少个？

⑥ 一种需要的产生，自然会促使其他需要（派生的需要）出现。试从对高层住宅的需要出发，提出几种因派生需要而形成的新产品概念（参考图 6-10）。

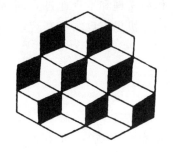

图 6-9　实验 6 思考题图（五）

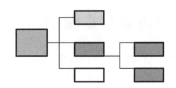

图 6-10　实验 6 思考题图（六）

⑦ 图 6-11 所示的用燕尾槽连接的东西能够做出来吗？为什么？

⑧ 观察图 6-12 所示的容易装、拆吊钩结构，思考它们在设计时可能移植了什么技术。

图 6-11　实验 6 思考题图（七）

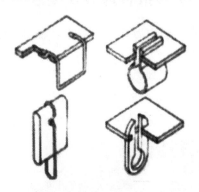

图 6-12　实验 6 思考题图（八）

⑨ 将图 6-13 所示的图形 1、2、3 组合后，会形成（a）、（b）、（c）中的哪一种？

⑩ 试分析图 6-14 所示的螺钉结构具有什么特点？

⑪ 怎样用直尺量出图 6-15 所示实心立方体对顶角间的长度 AB？

⑫ 在印刷过程中，将纸张分离除可以采用图 6-16 所示切向力分纸、摩擦力分纸和离心力分纸外，还可以采用哪些分纸方法？

⑬ 在图 6-17 所示标有字母的积木中哪一块与左上角那块积木相同？

⑭ 图 6-18 所示手机面板设计采用了三角形按键，试分析这种新设计有什么特点。

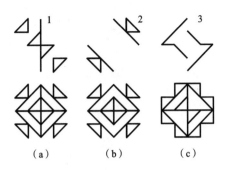

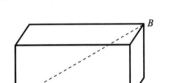

（a）　　　　　（b）　　　　　（c）

图 6-13　实验 6 思考题图（九）

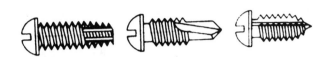

图 6-14　实验 6 思考题图（十）

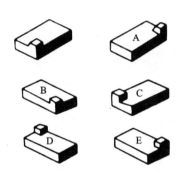

图 6-15　实验 6 思考题图（十一）

（a）切向力分纸　　（b）摩擦力分纸　　（c）离心力分纸

图 6-16　实验 6 思考题图（十二）

图 6-17　实验 6 思考题图（十三）

图 6-18　实验 6 思考题图（十四）

实 验 记 录

1. 无背索斜塔斜拉桥的创新点是什么?

2. 谐波齿轮传动的优点是什么?

3. 机械创新设计通常有哪几种基本类型?

4. 创造性思维的基本特征是什么?

5. 创造性思维有哪些方式?

6. 椭圆齿轮传动的特点是什么?

7. 典型的创造技法有哪些?

8. 同步带传动克服了平带传动的哪些缺点?

9. 什么是希望点列举法?

10. 净水宝用什么作为净化材料?

11. 希望点列举法有哪些使用注意事项?

12. 移植创造法的具体程序是怎么的？请以图表示。

13. 气动钉枪类比移植了什么的基本原理？

14. 原理方案创新设计是产品开发设计中的哪一环节？

15. 螺纹加工方法有哪些？

16. 试述结构变异创新的定义。

17. 零件工作面变异设计的例子中,变异设计方案相比原设计方案的优点是什么？

18. 专利法保护的发明创造成果有哪些？

19. 方法发明能申请实用新型专利吗？液态产品能申请实用新型专利吗？

20. 外观设计专利与实用新型专利有什么不同？

21. 申请专利必须提交的文件有哪些？

实验 7

轮系机构分析

实验背景:在各种机床、汽车、机械装备、钟表、工业机器人、日用家电、电动工具等工业产品中,轮系机构被广泛使用。通过轮系机构传动,可以实现运动和动力的分路传动、大传动比传动、变速与换向传动以及运动的分解与合成。确定轮系的类型和轮系的传动比是正确设计轮系机构的基础。

一、实验目的

(1) 结合实物清晰理解轮系的基本概念、分类方式、组成结构和具体功用。

(2) 进一步巩固各类轮系运动情况分析、传动比计算及主从动轮旋转方向确定等知识。

(3) 比较各类轮系机构的区别与联系。.

二、实验原理

1. 轮系的分类

根据轮系运动时各轮轴线的位置是否固定,可以将轮系分为以下三类。

1) 定轴轮系

定轴轮系如图 7-1 所示。定轴轮系运转时,各轮轴线的位置固定不动。

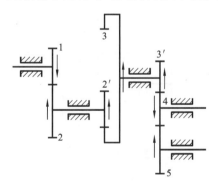

图 7-1 定轴轮系

2) 周转轮系

周转轮系运转时,至少有一个齿轮的轴线绕另一个齿轮的轴线转动。

根据所具有的自由度的数目不同,周转轮系可分为下列两类:① 自由度为 1 的周转轮系,称为行星轮系;② 自由度为 2 的周转轮系,称为差动轮系。

根据周转轮系中基本构件的不同,周转轮系还可以分为下列三类:① 由两个中心轮(2K)和一个行星架(H)组成的 2K-H 型周转轮系(见图 7-2);② 由三个中心轮(3K)和一个行星架 H 组成的 3K 型周转轮系(见图 7-3),行星架 H 仅起支承行星轮使其与中心轮保持啮合的作用,不起传力作用,故在轮系的型号中不含"H";③ K-H-V 型行星轮系(见图 7-4),只有一个中心轮,运动通过等角速机构由 V 轴输出。

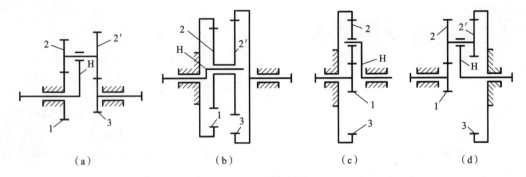

图 7-2　2K-H 型周转轮系

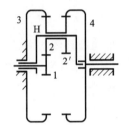

图 7-3　3K 型周转轮系

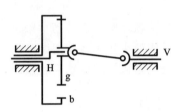

图 7-4　K-H-V 型行星轮系

3) 复合轮系

复合轮系(见图 7-5)既包括定轴轮系,又包括基本周转轮系,或由几个基本周转轮系组成。

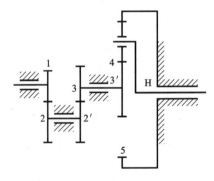

图 7-5　复合轮系

2. 轮系传动比的计算

1) 定轴轮系的传动比

设 A 轴为定轴轮系的输入轴,B 轴为定轴轮系的输出轴,则定轴轮系传动比计算的一般公式为

$$i_{AB} = \frac{\omega_A}{\omega_B} = \frac{\text{所有各对齿轮的从动齿轮齿数的乘积}}{\text{所有各对齿轮的主动齿轮齿数的乘积}} \qquad (7\text{-}1)$$

在平面定轴轮系中,一对内啮合圆柱齿轮传动两轮的转向相同,不影响轮系传动比的符号,而一对外啮合圆柱齿轮传动两轮的转向相反,故如果轮系中有 m 次外啮合,则从输入轴到输出轴角速度方向应经过 m 次变号,传动比的符号可用 $(-1)^m$ 来判定("＋"表示转向相同,"－"表

示转向相反)。

空间定轴轮系中包含轴线不平行的空间齿轮机构,因此,不能说两轮的转向是相同还是相反,这种轮系中各轮的旋转方向必须在图上用箭头表示。

2)周转轮系的传动比

周转轮系与定轴轮系的根本区别在于周转轮系中有一个转动着的系杆,使行星轮既自转又公转,因此周转轮系的传动比不能直接用求解定轴轮系传动比的方法来计算。为此,假想给整个周转轮系加上一个公共角速度$-\omega_H$。根据相对运动原理可知,各构件之间的相对运动关系并不发生改变,但此时系杆的角速度就变成了$\omega_H-\omega_H=0$,即系杆可视为静止不动。于是,该周转轮系便转化为定轴轮系(见图 7-6)。这种方法称为反转固定转臂法,这个定轴轮系称为周转轮系的转化轮系。

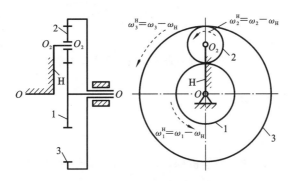

图 7-6　周转轮系的转化轮系

系杆固定后,该转化轮系中各构件的角速度变化情况如表 7-1 所示。

表 7-1　周转轮系的转化机构中各构件的角速度

构件代号	原有角速度	在转化机构中的角速度(即相对于系杆的角速度)
齿轮 1	ω_1	$\omega_1^H=\omega_1-\omega_H$
齿轮 2	ω_2	$\omega_2^H=\omega_2-\omega_H$
齿轮 3	ω_3	$\omega_3^H=\omega_3-\omega_H$
行星架 H	ω_H	$\omega_H^H=\omega_H-\omega_H=0$

该转化轮系的传动比可以按照计算定轴轮系传动比的方法来计算:

$$i_{13}^H=\frac{\omega_1^H}{\omega_3^H}=\frac{\omega_1-\omega_H}{\omega_3-\omega_H}=(-1)^1\frac{z_3}{z_1}=-\frac{z_3}{z_1} \tag{7-2}$$

按照这个方法,可以写出周转轮系转化轮系传动比计算的一般公式,设 ω_C、ω_K、ω_H 为周转轮系中任意两个齿轮 G、K 和系杆 H 的角速度,则该周转轮系转化轮系的传动比 i_{GK}^H 为

$$i_{GK}^H=\frac{\omega_G^H}{\omega_K^H}=\frac{\omega_G-\omega_H}{\omega_K-\omega_H}=(-1)^m\frac{\text{从齿轮 G 至 K 各对齿轮从动轮齿数的连乘积}}{\text{从齿轮 G 至 K 各对齿轮主动轮齿数的连乘积}} \tag{7-3}$$

三、实验设备

轮系创新设计拼装及仿真试验台如图 7-7 所示。

该试验台由机架(1 个)、旋转电动机(1 台,90 W,220 V,输出转速 10 r/min)、V 带传动装置、运动副组件、齿轮、齿圈、行星架、轴、连接件以及配套工具(如扳手、螺丝刀、木槌)等组成。

图 7-7　轮系创新设计拼装及仿真试验台

四、实验内容与步骤

1. 实验内容

根据所给定的具体轮系机构,测绘机构运动简图,计算传动比,并分析轮系机构的实际运动情况。

2. 实验步骤

(1) 学生在实验课上从简单到复杂依次分析两个轮系机构(如行星轮系机构和差动轮系机构、周转轮系机构和定轴轮系机构)。

(2) 按比例规范绘制机构运动简图,计算自由度,确定轮系的类型。

(3) 按照公式计算轮系的理论传动比。

(4) 仔细分析轮系的具体运动情况,测出实际传动比,分析主从动轮旋向与增减速的关系。

(5) 比较实际传动比与理论传动比的异同并分析原因,比较各种轮系的区别和联系。

五、实验注意事项

(1) 启动轮系机构前一定要仔细检查各部分安装是否到位,启动旋转电动机后不要过于靠近运动零件,不得伸手触摸运动零件。

(2) 同一小组中指定一人负责旋转电动机的开/关,遇紧急情况时立即停车。

六、实验报告内容及要求

(1) 用铅笔、直尺等按比例绘制轮系机构运动简图,计算机构的自由度,确定轮系的类型。

(2) 比较理论传动比和实际传动比,确定旋转方向。

(3) 回答下列思考题。

① 轮系分类的依据和方法是什么?

② 在各类轮系中,从动轮旋转方向是如何确定的?

实 验 记 录

轮系机构运动简图：

机构的自由度 F：	轮系的类型：

理论传动比：

实际传动比（大小及方向）：

轮系机构运动简图：

机构的自由度 F：

轮系的类型：

理论传动比：

实际传动比（大小及方向）：

实验 8

典型零件传动性能测试

实验背景：带传动具有结构简单、传动平稳、传动距离大、造价低廉、缓冲、吸振等特点，在机械中得到广泛应用。例如，汽车、收录机、打印机等各种机械中采用了不同形式的带传动。由于普通带传动依靠带与带轮间的摩擦力来传递载荷，摩擦会产生静电，因此普通带传动不宜用于有大量粉尘的场合。带的弹性模量较小，在带传动的过程中会产生弹性滑动，导致带的瞬时传动比不是常量。另一方面，当带的工作载荷超过带与带轮间的最大摩擦力时，带轮与带之间会打滑，带传动这时因不能正常工作而失效。那么，带传动过程中产生弹性滑动、带轮与带间打滑的原因是什么呢？可不可以避免？能采取什么措施改进？本实验将直观呈现带传动的弹性滑动、打滑现象，分析弹性滑动曲线与带传动的效率。

一、实验目的

（1）了解皮带测试实验台的设计原理与基本结构。

（2）观察带传动中的弹性滑动和打滑现象，比较两者产生的原因和现象。

（3）了解在不同初拉力、不同转速情况下带传动的传动能力与滑动率、传动效率之间的关系。

二、实验原理

带传动是一种应用广泛的机械传动，靠胶带与带轮之间的摩擦力来传递运动和动力。它的特点是：运转平稳，噪声小，并有缓冲、吸振作用，在过载时带与带轮之间会打滑而不致损坏其他零件，起到过载保护作用。

1. 带传动的弹性滑动、打滑与传动比

带是弹性体，受力后会发生弹性变形，且变形量随受力大小的变化而变化。当工作时，由于紧边拉力 F_1 大于松边拉力 F_2，带在紧边产生的弹性伸长量大于在松边产生的弹性伸长量。如图 8-1 所示，当带由紧边 a 点进入主动带轮 1 时，在带与带轮的接触点由主动带轮 1 上的 a 点向 b 点运动的过程中，带所承受的拉力由紧边拉力 F_1 逐渐降至松边拉力 F_2，带的弹性伸长量也随之减小，从而使带速 v 小于主动带轮 1 的圆周速度 v_1，造成带沿主动带轮 1 表面产生微小滞后滑动。同理，在带与带轮的接触点通过从动带轮 2 上的 c 点向 d 点运动的过程中，带在从动带轮 2 表面也会产生微小滑动现象，带所受的拉力由松边拉力 F_2 逐渐增至紧边拉力 F_1，带的弹性伸长量逐渐增大，带速 v 大于从动带轮 2 的圆周速度 v_2。这种由于带的弹性和拉力变化而引起的带在带轮表面滑动的现象，称为弹性滑动。

弹性滑动是摩擦型带传动不可避免的一种现象。它会加剧带的磨损，降低带的使用寿命，并使从动带轮速度降低，影响带传动的传动比。弹性滑动对传动比的影响程度，用滑动率 ε 表示。

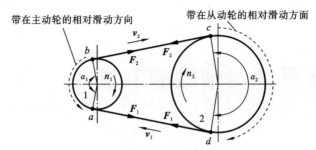

图 8-1 皮带受力变形图

$$\varepsilon = \frac{v_1 - v_2}{v_1} = \frac{\pi d_1 n_1 - \pi d_2 n_2}{\pi d_1 n_1} \tag{8-1}$$

由此得带传动的传动比 i 为

$$i = \frac{n_1}{n_2} = \frac{d_2}{d_1(1 - \varepsilon)} \tag{8-2}$$

式中：n_1、n_2——主、从动带轮的转速(r/min)；

v_1、v_2——主、从动带轮的圆周速度(m/s)；

d_1、d_2——主、从动带轮的基准尺寸(mm)。

滑动率 ε 随着带所受载荷大小的变化而变化，带传动的传动比不能保持恒定。

带传动工作时，当载荷超过带与带轮摩擦力的极限值，带与带轮之间发生显著的相对滑动，造成从动轮转速和传动效率急剧下降，带轮与带的工作面急剧磨损，这种现象称为打滑。

2. 带传动的效率

带传动的效率 η 可用下式表示：

$$\eta = \frac{T_2 \times n_2}{T_1 \times n_1} \times 100\% \tag{8-3}$$

式中：T_1、T_2——主动带轮输出扭矩、从动带轮输入扭矩(N·m)；

n_1、n_2——主动带轮输出转速、从动带轮输入转速(r/min)。

三、实验设备

本实验所用设备为皮带测试实验台。

1. 皮带测试实验台的基本结构

如图 8-2 所示，皮带测试实验台主要由两个直流电机组成，一个为主动电机，另一个为从动发电机，由于采用直流电机作为原动机、从动发电机，皮带测试实验台容易实现无级调速。皮带测试实验台的主动电机安装在底面有滚球导轨的可动支座上，它可以沿着主、从动带轮连心线的方向水平移动，通过加载砝码的质量经钢丝绳、滑轮拉紧可动支座，从而张紧皮带并保持不变的拉力。实验时启动主动电机，主动电机的转速由控制面板上的调速旋钮来调整。主动电机后端装有测速装置和测速转盘，所测转速在面板上各自的数码管上显示。皮带测试实验台的特别结构是主动电机的定子及外壳通过轴承与轴承座连接，可绕轴线摆动，为悬浮安装。外壳上装有测力杆，主动电机转子转动产生的反作用力由测力杆(力矩臂)传递到测力弹片上，根据百分表测得的值由胡克定律计算出力的大小，再与力矩臂的值相乘即为主动电机的反力矩，根据平衡原理即可得出主动电机的实时扭矩。

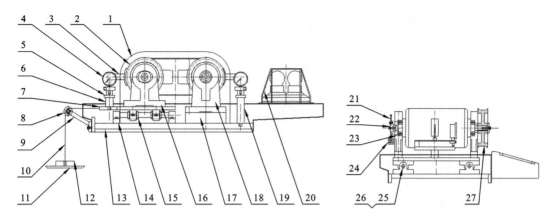

图 8-2 皮带测试实验台的基本结构

1—防护罩；2—电机；3—力矩臂；4—百分表；5—振动板；6—百分表支承杆Ⅰ；7—滑板；8—滑轮；
9—滑轮座；10—钢丝绳；11—砝码盘；12—砝码；13—机架；14—光杆支承座；15—直线轴承；16—轴承座Ⅰ；
17—垫块；18—轴承座Ⅱ；19—百分表支承杆Ⅱ；20—灯泡防护罩；21—测速盘；22—测速盘座；23—球轴承；
24—测速传感器；25—光轴；26—滑板轴承座；27—皮带轮

从动发电机与主动电机之间由皮带传动，从动发电机的结构与原动机差别不大，只是整体固定在底座上，不能滑动。从动发电机电枢绕组两端接上灯泡作为负载。实验中逐步开启灯泡，使从动发电机所承受的负载逐步加大，使电枢电流增大，电磁扭矩也增大，即使从动发电机的负载扭矩增大，从而实现了负载的改变。

2. 扭矩的测量

主动电机输出扭矩 T_1（即主动带轮输出扭矩）和从动发电机输入扭矩 T_2（即从动带轮输入扭矩）采用平衡式电机外壳来测定。

主动电机和从动发电机的定子及外壳支承在支座的滚动轴承中，并可绕与转子相重合的轴线摆动。当主动电机启动和从动发电机带负载后，由于定子磁场和转子磁场的相互作用，主动电机的定子及外壳将向转子旋转的相反方向倾倒，从动发电机的定子及外壳将向转子旋转的相同方向倾倒，它们的倾倒力矩分别通过固定在定子外壳上的测力杆传到测力支点上，再通过测力弹片变形引起百分表读数的改变，进而可由胡克定律算出倾覆力的大小，即

$$F_1 = kx_1, \quad F_2 = kx_2 \tag{8-4}$$

式中：k——劲度系数（N/mm）；

x_1——主动电机侧百分表读数（mm）；

x_2——从动发电机侧百分表读数（mm）。

主动带轮输出扭矩为

$$T_1 = F_1 L_1 \tag{8-5}$$

从动带轮输入扭矩为

$$T_2 = F_2 L_2 \tag{8-6}$$

式中：L_1、L_2—— 测力杆力臂长度（mm），为 120 mm。

带传动的有效拉力为

$$F = \frac{2T_1}{D_1} \tag{8-7}$$

式中：D_1——主动带轮的直径（mm）。

3. 实验台主要技术参数

(1) 带轮的直径:$D_1 = D_2 = 120$ mm。

(2) 百分表的精度为 0.01 mm,量程为 0～10 mm。

(3) 驱动电机的功率:355 W。

(4) 驱动电机的调速范围:0～1 200 r/min。

(5) 负载电机功率:355 W。

(6) 负载的变动范围:0～300 W(有级)。

(7) 测力杆与电机的中心距:120 mm。

四、实验内容与步骤

(1) 实验前,检查皮带测试实验台是否水平放好,检查各电气线路是否影响实验。

(2) 检测皮带安装是否正确,手动旋转带轮,以确定带轮运转灵活。

(3) 打开总电源,顺时针旋转"调速"旋扭,慢慢地将主动带轮的转速调到 1 200 r/min 左右。

(4) 待主动电机稳定运转后,通过增减初拉力砝码的质量来调整皮带的张紧力度。

(5) 轻轻转动主电动机的外壳,使测力杆不接触测力弹片,然后用手小心地转动百分表表盘,使百分表表盘中的零刻线与指针重合,再用同样方法将从动发电机侧的百分表调零。

(6) 按动皮带实验台操作面板上的"加载"按钮 1 次(相应灯泡亮起),待皮带的转速平稳后,记录皮带实验台操作面板上显示的主动带轮的转速 n_1、从动带轮的转速 n_2,主动带轮侧百分表读数 x_1 和从动带轮侧百分表读数 x_2。如此类推,依次按下"加载"按钮,逐级增加载荷,并认真记录数据,直至皮带打滑。

(7) 先将所有"加载"按钮按回原始状态,可见所有灯泡熄灭,再将主动电机的"调速"旋钮旋至"0",最后关上电源开关。

(8) 停机,整理数据和实验场地。

五、实验注意事项

(1) 实验前一定要预习实验指导书,拟定实验方案与步骤,经指导老师检查认可,方可进行实验。

(2) 使用各种实验设备要严格遵守实验设备的操作规程。

六、实验报告内容及要求

(1) 记录数据,计算结果,并绘制带传动滑动曲线(ε-F)和效率曲线(η-F)。

(2) 回答下列思考题。

① 带传动的弹性滑动和打滑现象有何区别?它们产生的原因是什么?

② 当 $D_1 < D_2$ 时,打滑发生在主动带轮上还是从动带轮上?为什么?

③ 根据实验数据结果分析:影响带传动弹性滑动和传动能力的因素有哪些?是如何影响的?

实 验 记 录

1. 数据记录和计算结果。

胶带型号:

胶带横剖面积:$A=$

带轮直径:$D_1=D_2=$

测力杆力臂长度:$L_1=L_2=$

初拉力:$F_0=$

主动带轮转速	$n_1/(\mathrm{r/min})$									
从动带轮转速	$n_2/(\mathrm{r/min})$									
百分表读数	x_1									
百分表读数	x_2									
转速差	$\Delta n/(\mathrm{r/min})$									
主动带轮输入扭矩	$T_1/(\mathrm{N\cdot mm})$									
从动带轮输出扭矩	$T_2/(\mathrm{N\cdot mm})$									
有效拉力	F/N									
传动效率	η									
滑动率	$\varepsilon/(\%)$									

2. 绘制带传动滑动曲线(ε-F)及效率曲线(η-F)。

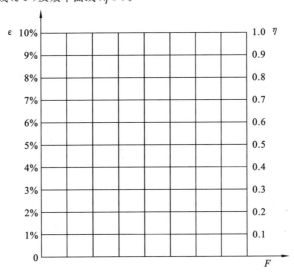

机械系统组合及性能分析

实验背景：机械传动形式很多，包括：啮合传动，如齿轮传动、蜗杆传动、链传动；摩擦传动，如带传动；流体传动等。不同的机械传动形式特点各异。在进行机械传动系统设计时，为了充分发挥不同机械传动形式的优势，实现功能与成本的最优化，或出于机械的功能要求，常常采用两级或更多级传动来实现。正确选择不同的机械传动形式组成传动系统链，把不同的机械传动形式合理布置在传动系统链中，是机械系统设计的重要内容。

一、实验目的

（1）通过对机械系统的设计和动手组装，了解方案设计的三个基本组成，即创造、分析和决策。

（2）让学生深入理解机械系统设计的原则、方法。

（3）进一步认识组成机械系统的零部件，启迪思维，锻炼动手实践能力。

（4）分析影响机械效率的因素，掌握提高机械效率的方法。

二、实验原理

机械系统由动力系统、传动系统、执行系统、操纵和控制系统组成。图 9-1 所示为机械系统的组成示意图。从运动学角度考察，机械系统的基本功能是机械运动的生产、传递与变换。在机械系统中，动力系统（即原动机）生成原始的机械运动，然后经传动系统（传动机构）传递，最后由执行系统（执行机构）变换成期望的运动形式之后输出。操纵系统的功能在于使此过程更加有效地进行。

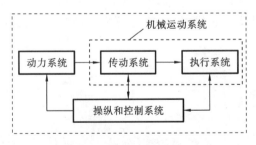

图 9-1　机械系统的组成示意图

机械系统总体设计是指从全局的角度，以系统的观点，所进行的有关整体方面的设计。它主要包括在明确设计任务之后，建立功能结构、确定工作原理、工艺动作过程构思与分解、机构选型与组合以及方案评价等步骤。

由于机械运转时不可避免地要受到一部分非生产阻力的影响，所以驱动力所做的输入功，并不能全部用于克服生产阻力所做的功（即输出功），其中必然有一部分用于克服非生产阻力所做的功（即损耗功）。机械的输出功和输入功的比值称为机械效率。机械效率是一项重要的动力学指标。在机械运转过程中影响机械效率的主要原因为机械中的损耗，而损耗主要是由摩擦引起的。因此，要提高机械效率，就必须采取措施减小机械中的摩擦。减小机械中的摩擦，可以从三个方面加以考虑，即设计、制造和使用与维护。

（1）使机械系统尽量简化，采用最简单的机构来满足工作要求，使功率传递通过的运动副数目尽可能少。

（2）选择合适的运动副形式。转动副较易保证运动副元素的配合精度，效率高；而移动副不易保证配合精度，效率相对较低，而且容易发生自锁或楔紧。

（3）在满足强度、刚度等要求的前提下，不要过多增大构件的尺寸。例如，增加轴颈尺寸会使该轴颈的摩擦力矩增加，机械容易发生自锁。

（4）设法减少运动副中的摩擦。例如，在传递动力的场合尽量选用矩形螺纹或牙型半角小的三角形螺纹，用平面摩擦代替槽面摩擦，用滚动摩擦代替滑动摩擦。选用适当的润滑剂及润滑装置进行润滑，合理选用运动副元素的材料，适当地提高运动副元素的表面质量和加工安装精度等。

（5）减小机械中因惯性力所引起的动载荷，合理考虑机械平衡问题。

带传动、链传动、齿轮传动与蜗杆传动是常用的机械传动形式。在机械系统设计中，为了合理设计传动链，应遵循以下几条原则。

（1）传递载荷能力小的（如带传动、圆锥齿轮传动）放在高速级。

（2）有动载荷的（如链传动、连杆传动、凸轮传动）放在低速级。

（3）传动平稳的（如斜齿轮传动、闭式齿轮传动）放在高速级，传动平稳性较差的（如直齿轮传动、开式齿轮传动）放在低速级。

（4）传动链中有摩擦传动（如带传动、摩擦轮传动），应将摩擦传动放在高速级。

（5）制动器应放在工作机前（这样才能对工作机实现有效制动）。

三、实验设备

机械系统组合实验台（见图 9-2）为使用者提供了动力、负载以及各种传动部件、支承零部件等，为实际组装机械系统提供了机械硬件组装平台。同时，该实验台还具有检测控制系统，可

图 9-2　机械系统组合实验台的外形

检测系统的传动效率,并提供了参数可视化的软件界面。

1. 机械系统组合实验台的基本组成

机械系统组合实验台由装配平台、传动部件库和装配组件构成,机械系统的布置有平面和空间两种形式。

(1) 动力:一台 600 W 直流电动机(见图 9-3),可实现无级调速,调速范围为 0～1 000 r/min,具有测速、测力矩装置。

图 9-3 直流电动机的外形

(2) 负载。

① 静态负载(见图 9-4):由摩擦制动器组合而成,可利用螺纹加载,具有测速、测力矩装置。

② 动态负载(见图 9-5):由凸轮、弹簧挺杆组合而成,提供周期性交变应力。

图 9-4 静态负载的外形　　图 9-5 动态负载的外形

(3) 传动部件库。

传动部件库由带传动机构、链传动机构、圆柱齿轮减速器(见图 9-6)、蜗轮蜗杆减速器(见图 9-7)、摆线针轮减速器(见图 9-8)、电磁离合器(见图 9-9)、链条联轴器(见图 9-10)、弹性柱销式联轴器(见图 9-11)、十字轴万向联轴器(见图 9-12)、双十字轴万向联轴器(见图 9-13)、支承库及各种备件等组成,使用者利用传动部件库可组成各种类型的机械传动系统。

图 9-6　圆柱齿轮减速器的外形

图 9-7　蜗轮蜗杆减速器的外形

图 9-8　摆线针轮减速器的外形

图 9-9　电磁离合器的外形

图 9-10　链条联轴器的外形

图 9-11　弹性柱销式联轴器的外形

图 9-12 十字轴万向联轴器的外形　　　　图 9-13 双十字轴万向联轴器的外形

2. 机械系统组合实验台中的检测控制系统

1）概述

机械系统组合实验台中的检测控制系统由传感器、数据采集箱和计算机组成。

机械系统组合实验台利用测力传感器、光电测速传感器检测转矩和转速，并通过数据采集箱进行采集处理，数据通过串口通信输入至计算机，形成可视化的适时变化曲线。

机械系统组合实验台检测控制系统原理框图如图 9-14 所示。

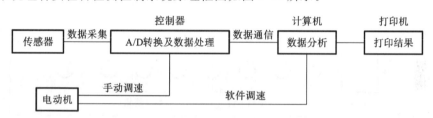

图 9-14 机械系统组合实验台检测控制系统原理框图

机械系统组合实验台检测控制系统的测速原理是：机械系统组合实验台采用光栅角位移传感器采集转速信号，对光栅发出的脉冲信号进行处理得到转速信号（转速＝脉总数/采样时间）。

机械系统组合实验台检测控制系统的测量转矩原理是：由于力矩使拉杆的质点受力，数据采集箱采集测力传感器的信号，将测量值乘以质点到转动中心的距离，即得到转矩值。以上计算均由软件自动完成。

对于调速，机械系统组合实验台检测控制系统具有手动调速（面板控件）和计算机软件调速（软件控件）两种方式，任选一种即可。

2）具体操作

机械系统组合实验台检测控制系统检测箱面板如图 9-15 所示，背板如图 9-16 所示。

传感器信号将由检测箱背面的接口输入，数字通道 1、2 分别接入两个光栅角位移传感器用于测试电动机和负载端的转速。模拟通道 1、2 分别接入两个压力传感器用于测试电动机的输出转矩和负载端输入转矩。面板上的"上翻""下翻"用于通道选择。

这两个转速信号、两个压力信号，用于计算传动系统的效率，被测参数（输入转速 n_1、输入转矩 T_1、输出转速 n_2、输出转矩 T_2）可直接显示在显示屏上，也可送入上位机进行处理。当数据开始显示为负时，可以按一下清零键。

3. 机械系统组合实验台的主要技术指标

① 电动机功率：600 W。

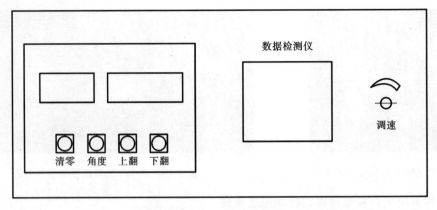

图 9-15   机械系统组合实验台检测控制系统检测箱面板

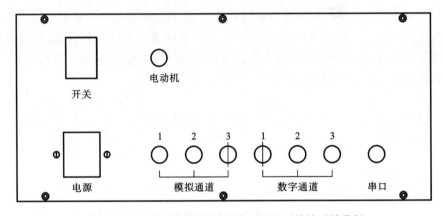

图 9-16   机械系统组合实验台检测控制系统检测箱背板

② 最大加载力矩:10 N·m。

③ 调速范围:0~1 000 r/min。

④ 实验台尺寸:1 160 mm×760 mm×680 mm。

四、实验内容与步骤

1. 实验内容

根据要求自己设计机械系统方案,或利用产品提供的装配图和传动路线方案,进行机械系统的安装与调试。

2. 实验步骤

(1) 根据设备提供的零部件清单,认识了解不同的零部件。

(2) 结合实物了解机械系统组合实验台的结构和装配方式。

(3) 利用产品提供的装配简图、装配图和提供的传动路线方案或自己设计的机械系统方案,找到装配系统所需的零部件。

(4) 安装系统。

① 先安装动力部件,将垫条固定在所需的位置上,再将动力装置安装在其上,位置和中心高均可调节。

② 安装负载。

③ 安装中间传动部件。

④ 根据需要,调整各部件的位置和中心高(用垫片调整)。

⑤ 确认机械系统安装正确后,将电动机引线与数据采集箱电动机连线相连,同时将电动机和负载的测速传感器、测力传感器分别接至数据采集箱背板上的相应通道。

⑥ 接通数据采集箱电源,调节数据采集箱面板上的调速按钮(增加、减小),试运行机械系统,观察机械系统的运行情况,并做适当调整,此时从数据采集箱面板上可采集到有关参数。如果装有电磁离合器,可将引线分别接于电磁离合器接线端和机座,用按钮控制开合。

(5) 画出机械系统运动简图,测量、记录有关尺寸、参数。

① 减速器的传动比。

② 主动带轮和从动带轮的直径。

③ 主动链轮和从动链轮的链齿数。

④ 传动系统中各轴之间的中心距。

⑤ 机械系统的总传动比。

⑥ 传动路线。

五、实验注意事项

(1) 利用按键调速时,应逐步调节,即逐步增加调速级数,不要连续按键。

(2) 加载力已调好,不要轻易松动锁紧螺纹,以免造成负载力矩超过检测范围(≤12 N·m)。

六、实验报告内容及要求

(1) 画出所装配机械系统的传动示意图,测量、记录有关尺寸、参数。

(2) 完成下列思考题。

① 一个完整的机械系统由哪几个部分组成?

② 影响机械效率的因素有哪些?可以采取哪些措施来提高机械效率?

③ 为什么在机械传动中将带传动布置在高速级?

实 验 记 录

1. 画出机械系统运动简图：

2. 减速器的传动比。

3. 主动带轮和从动带轮的直径。

4. 主动链轮和从动链轮的链齿数。

5. 传动系统中各轴之间的中心距。

6. 机械系统的总传动比。

7. 传动路线。

轴系结构装拆

实验背景：任何回转机械都有轴系，因而轴系结构设计是机器设计中最丰富、最重要的内容之一。轴系结构性能的优劣直接决定了机器的性能与使用寿命。根据轴的回转转速、轴上零件的受力情况决定轴承的类型，再根据机器的工作环境决定轴系的总体结构及轴上零件轴向和周向的定位与固定等，是机械设计的重要环节。只有熟悉了常见的轴系结构，才能设计出正确的轴系结构。

一、实验目的

（1）熟悉并掌握轴、轴承、轴上零件的结构形式、功用、工艺要求及尺寸装配关系。

（2）了解轴承的类型、布置、安装和调整方法。

（3）了解轴和轴上零件的定位与固定方式、润滑和密封结构等。

二、实验原理

轴是组成机械的一个重要零件。它支承着其他转动件回转并传递转矩，同时它又通过轴承与机架连接。所有轴上零件都围绕轴心线做回转运动，形成一个以轴为基准的组合体——轴系部件。

轴系结构设计主要是根据轴的回转速度、轴上零件的受力情况等不同工况来确定轴的结构尺寸、轴上零件的定位方式和轴承的类型等。

由于轴承的类型较多，轴上零件的定位与固定方式多种多样，具体的轴的种类也很多，概括起来主要有：两端单向固定结构；一端双向固定、一端游动结构；两端游动结构（一般用于人字齿轮传动中的其中一根轴）。

轴的结构设计主要取决于以下因素：轴在机器中的安装位置和形式；载荷的性质、大小、方向和分布情况；轴上安装的零件的类型、尺寸、数量以及与轴的连接方式；轴的加工工艺等。

由于影响轴的结构的因素较多，设计时，必须具体情况具体分析，但轴的结构都应满足：轴和轴上零件有准确的工作位置；轴上的零件便于装拆和调整相对位置；轴具有良好的制造工艺性等。设计中，首先，要拟定轴上零件的装配方案，这是轴的结构设计的前提，也决定着轴的基本形式。其次，要确定轴上零件的轴向、周向定位方式。轴上零件常用的轴向定位方式有轴肩定位、套筒定位、轴端挡圈定位、轴承端盖定位、圆螺母定位等，常用的周向定位方式有键连接、花键连接、销连接、紧定螺钉连接以及过盈连接等，应合理选用。最后，要确定各轴段的直径和长度。确定直径时，有配合要求的轴段应尽量采用标准直径；确定长度时，尽可能使结构紧凑。另外，轴的结构形式应考虑便于加工和装配轴上零件，提高生产率，降低成本。

本实验主要进行轴系的结构设计，对轴的工作能力计算不做要求。

三、实验设备

1. 创意组合式轴系结构设计实验箱

创意组合式轴系结构设计实验箱内有 56 种、168 件轴系零部件,可以组合出 7 类、400 余种轴系结构方案。创意组合式轴系结构设计实验箱内常用易混淆零件如表 10-1 所示。

表 10-1　创意组合式轴系结构设计实验箱内常用易混淆零件

序　号	零件名称	零件外形
1	大齿轮用轴	
2	小齿轮用轴	
3	两端固定用蜗杆	
4	固游式用蜗杆	
5	锥齿轮用轴	
6	锥齿轮轴	

序　号	零件名称	零件外形
7	嵌入式透盖	
8	嵌入式闷盖	
9	凸缘式透盖（油用）	
10	凸缘式透盖（脂用）	
11	齿轮轴用支座（油用）	
12	齿轮轴用支座（脂用）	

序　号	零件名称	零件外形
13	蜗杆轴用支座	
14	锥齿轮轴用支座	

2. 装配工具

实验箱配套工具:双头扳手(12×14 及 10×12)、挡圈钳、螺丝刀(75 mm 长)、300 mm 钢板尺、200 mm 游标卡尺、铅笔、三角板等。

四、实验内容与步骤

1. 针对机械设计制造及其自动化等多学时专业

1) 实验内容

偏向于轴系结构设计,由教师按不同轴系设计要求(见表 10-2)指定实验题号,学生根据要求构思设计轴系结构并从备选零件(见表 10-3)中选择合适的零件进行拼装。

2) 实验步骤

(1) 明确实验内容,理解设计要求。

(2) 构思轴系结构方案。

① 根据齿轮(或蜗轮)的类型,确定轴上有无轴向力,选择支承轴系的滚动轴承类型。

② 确定轴系支承的轴向固定方式(双支点单向固定或单支点双向固定)及轴承的正、反装方式。

③ 根据齿轮的圆周速度确定轴承的润滑方式(油润滑或脂润滑)及油环的种类。

④ 选择端盖形式(凸缘式或嵌入式),并考虑透盖处的密封方式(毡圈式、皮碗式、间隙式或迷宫式)、轴的支座及套杯的形式。

⑤ 考虑轴上零件的定位和固定、轴承间隙调整、联轴器类型等问题。

⑥ 绘制轴系结构设计方案示意图。

(3) 根据轴系结构设计方案示意图,在创意组合式轴系结构设计实验箱中选取零件并组装成轴系,检查所设计和组装的轴系结构是否正确。

表 10-2　轴系结构装拆实验设计题目表

	已知条件					轴承类型	轴承牌号	轴承润滑方式(油、脂)	轴承端盖处密封方式	向心推力轴承正装或反装
	齿轮类型	载荷	转速	其他条件	示意图					
1	小直齿轮	轻	低							
2		中	高							
3	大直齿轮	中	低							
4		重	中							
5	小斜齿轮	轻	中							
6		中	高							
7	大斜齿轮	中	中							
8		重	低							
9	小锥齿轮	轻	低	锥齿轮轴						
10		中	高	锥齿轮和轴分开						
11	蜗杆	轻	低	发热量小						
12		重	中	发热量大						

表 10-3　轴系结构装拆实验备选零件汇总表

传动零件	小直齿轮、大直齿轮、小斜齿轮、大斜齿轮、小锥齿轮
轴承	6206、30206、N206、7206AC
轴	大齿轮用轴、小齿轮用轴、两端固定用蜗杆轴、固游式用蜗杆轴、锥齿轮轴、锥齿轮用轴
密封方式选择	无骨架油封、骨架油封、迷宫式轴套+凸缘式端盖(迷宫)、羊毛毡圈
端盖形式	嵌入式端盖、大凸缘式端盖(锥齿轮用)、凸缘式端盖、迷宫式轴套+凸缘式端盖(迷宫)

要特别注意滚动轴承的装拆方法。为了不损伤滚动轴承和轴颈部位,要求在装拆过程中,滚动体不受力,装拆力均匀或对称地作用在套筒端面上。轴承可用手锤敲击装配套筒(一般用铜套)安装,如图 10-1 所示;较紧的轴承可用专用的压力机装配或将轴承放在矿物油中加热到 80～100 ℃后再进行装配。拆卸轴承一般要用专门的拆卸工具——顶拔器(见图 10-2),为便于安装顶拔器,应使轴承内圈相对轴肩、外圈相对凸肩露出足够的高度 h(大于内、外圈厚度的 1/4),如图 10-3 所示。图 10-4 所示为轴承安装尺寸设计典型错误。其中,图 10-4(a)轴肩 h 过高,无法用工具拆卸轴承;图 10-4(b)轴承套杯直径 d_0 过小,不便于拆卸轴承外圈。

(4) 绘制轴系结构草图。首先,按正确的拆装顺序和拆卸方法把轴上零件拆卸下来;然后,对轴系进行测绘,根据测量各零件所得的尺寸,对照实物,按适当的比例画出轴系结构装配图。对于因拆卸困难或需要专用量具等原因而难以测量的有关尺寸,允许按照实物的相对大小和结构关系进行估算,标准件应参考有关标准确定的尺寸。对于支承轴承的箱体部分,只要求画出与轴承和端盖相配的局部结构。所绘制的轴系结构装配图要求结构合理、装配关系清楚、绘图正确(按制图要求并符合有关规定)、标注必要的尺寸(如齿轮的直径和宽度、轴承间距和主要零件的配合尺寸等)。

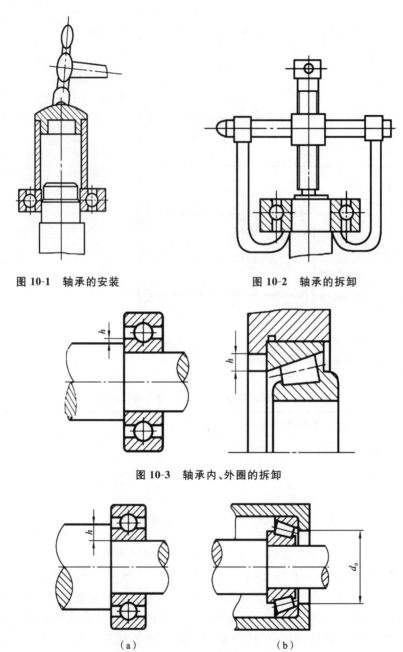

图 10-1　轴承的安装　　　　　　　　图 10-2　轴承的拆卸

图 10-3　轴承内、外圈的拆卸

（a）　　　　　　　　　　（b）

图 10-4　轴承安装尺寸设计典型错误

2. 针对少学时专业

1）实验内容

偏向于轴系结构分析:由教师指定不同的轴系结构装配图,学生拼装设计轴系结构,并进行分析。

2）实验步骤

（1）看懂轴系结构装配图，对照各零件分别找出阶梯轴、传动件、支承部件和连接件等。

（2）在阶梯轴上安装传动件，注意周向固定、轴向固定的方式。

（3）装配并调整轴承及支架，仔细检查轴系结构的装置是否合理、各零件的定位是否准确。

（4）对所装轴系部件进行结构分析。首先，对轴系的总体结构进行分析，明确轴系结构的工作要求，了解轴各部分结构的作用、轴上各零件的用途。然后，在此基础上分析轴上零件的受力情况和传力路线，了解轴承的类型和布置方式、轴上零件和轴系的定位和固定方法。最后，熟悉轴上零件的装拆和调整、公差和配合、润滑和密封等内容。

（5）测量轴系的主要装配尺寸和零件的主要结构尺寸，绘制轴系结构。

（6）将轴系部件拆散放回实验箱。

五、实验注意事项

（1）实验前一定要预习实验指导书，拟定实验方案与步骤，经指导老师检查认可，方可进行实验。

（2）使用各种实验设备要严格遵守实验设备的操作规程。

六、实验报告内容及要求

（1）根据轴系结构草图及测量数据，按比例绘制轴系结构装配图，要求装配关系表示正确，注明必要的尺寸（如支承的跨距、齿轮的直径与宽度、主要配合尺寸等）。

（2）写出所装的轴系结构中用了哪些定位方法，所用轴承的牌号（型号规格），它们的布置和安装方式有什么特点，轴承的定位和固定是什么结构，如何调整轴承间隙和轴承轴向位置。

（3）分析所装轴系结构是否合理准确。如果有错误，请写出原因和改正方法。

（4）完成下列思考题。

① 轴为什么做成阶梯状？轴各段尺寸是怎样确定的？它们的过渡部位应注意什么？

② 轴上零件轴向固定的意义何在？有哪些方法？这些方法各有什么特点？

③ 轴上零件周向固定的目的是什么？有哪些方法？分别适用于什么场合？

实 验 记 录

轴系示意图：

轴上传动零件有哪些？	
轴上零件的受力和传力路线如何？	
所用轴承代号、类型是什么？	
轴上零件轴向定位用了哪些方法？	
轴上零件周向定位用了哪些方法？	
轴承内、外圈工作间隙如何调整？	
轴承润滑方式是哪种？	
轴承端盖形式是怎样的？	
透盖的密封方式是什么？	

轴系结构装配草图：

实验 11

减速器结构分析

实验背景:为了提高电动机的效率,原动机提供的转速一般比工作机械所需的转速高,因此各种减速器在机械设备中得到广泛应用。例如,宝山钢铁股份有限公司就有 10 多万台减速器。由于功用的不同,减速器种类繁多,结构各异。机械类专业的学生有必要熟悉减速器的设计要素,熟悉在减速器结构设计中应注意的各种事项。通过实验并结合"机械设计课程设计"实践性教学环节,详细掌握减速器的设计过程。同时,以减速器为典型代表,来了解一般机械产品设计的原则、步骤和注意事项。

一、实验目的

(1) 掌握减速器的整体结构、功能和分类。

(2) 了解减速器零部件设计的强度与刚度要求、工艺(加工与装配)要求及润滑与密封要求等。

(3) 对不同类型的减速器进行分析比较,了解各类型减速器的特点。

二、实验原理

1. 减速器的定义

减速器是原动机和工作机之间独立的闭式传动装置,用来降低转速和增大转矩,以满足工作需要。在某些场合,减速器也用来增速,此时称为增速器。

2. 减速器的分类

减速器的种类很多,如图 11-1 所示。按照传动的类型,减速器可分为齿轮减速器(见图 11-1(a)至图 11-1(f))、蜗杆减速器(见图 11-1(g)和图 11-1(h))和行星减速器以及它们互相组合起来的减速器。按照传动的级数,减速器可分为单级减速器(见图 11-1(a)、图 11-1(e)、图 11-1(g)、图 11-1(h))和多级减速器(见图 11-1(b)、图 11-1(c)、图 11-1(d)、图 11-1(f)、图 11-1(i)、图 11-1(j))。按照齿轮的形状,减速器可分为圆柱齿轮减速器(见图 11-1(a)至图 11-1(d))、圆锥齿轮减速器(见图 11-1(e))和圆锥-圆柱齿轮减速器(见图 11-1(f))。按照传动的布置形式,减速器可分为展开式减速器(见图 11-1(b))、分流式减速器(见图 11-1(c))和同轴式减速器(见图 11-1(d))。

3. 减速器的组成

减速器主要由传动零件(齿轮或蜗杆)、轴、轴承、箱体和箱体附件组成,如图 11-2 所示的单级圆柱齿轮减速器。减速器的基本结构有三大部分:齿轮、轴及轴承组合,箱体,箱体附件。

1) 齿轮、轴及轴承组合

小齿轮与高速轴制成一体,称为齿轮轴。这种结构一般用于齿轮的直径与轴的直径相差不

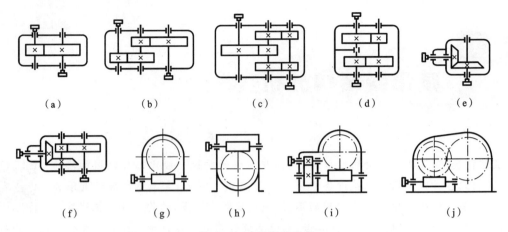

（a）　　　　　（b）　　　　　（c）　　　　　（d）　　　　　（e）

（f）　　　　　（g）　　　　　（h）　　　　　（i）　　　　　（j）

图 11-1　减速器的种类

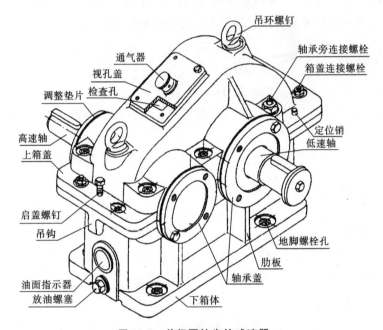

图 11-2　单级圆柱齿轮减速器

大的情况下。如果轴的直径为 d，齿轮齿根圆的直径为 d_f，则当 $d_f - d \leqslant 7$ mm 时，应采用这种结构；而当 $d_f - d > 7$ mm，采用齿轮与轴分开为两个零件的结构，如低速轴与大齿轮。此时齿轮与轴的周向固定采用平键连接，轴上零件利用轴肩、轴套和轴承盖进行轴向固定。对于承受径向载荷和不大的轴向载荷的情况，可采用单列向心球轴承。当轴向载荷较大时，应采用向心推力轴承或向心轴承与推力轴承的组合结构。

　　轴承可利用齿轮旋转时溅起的稀油进行润滑。如图 11-3 所示，下箱体油池中的润滑油，被旋转的齿轮飞溅到上箱盖的内壁上，沿内壁流到分箱面坡口后，通过导油槽流入轴承。当浸油齿轮的圆周速度 $v \leqslant 2$ m/s 时，应采用润滑脂润滑轴承，为避免可能溅起的稀油冲掉润滑脂，可采用挡油环将其分开，如图 11-4 所示。

　　机器的运转过程及气动、液压传动过程需要润滑、冷却、传力保压，在零件的接合面、轴的伸出端等处容易产生油、脂、水、气等渗漏。为了防止渗漏，在这些地方常要采用一些密封的措施。密封方法和类型很多，如填料密封、机械密封、O 形圈密封、迷宫式密封、离心密封、螺旋密封等。

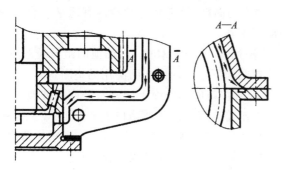

图 11-3　轴承油润滑

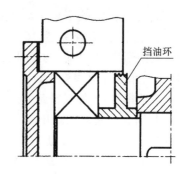

图 11-4　轴承脂润滑

这些方法广泛应用在泵、水轮机、阀、空压机、轴承、活塞等部件的密封中。减速器中需要密封的部位很多,可根据不同的工作条件和使用要求选择不同的密封结构,包括轴伸出端的密封和轴承靠箱体内侧的密封。而上箱盖与下箱体接合面的密封通常是装配时涂密封胶或水玻璃。

2）箱体

箱体是减速器的重要组成部件。它是传动零件的基座,应具有足够的强度和刚度。

由于灰铸铁具有很好的铸造性能和减振性,箱体通常用灰铸铁制造。对于重载或承受冲击载荷的减速器,也可以采用铸钢箱体。单件生产的减速器,为了简化工艺、降低成本,可采用钢板焊接的箱体。

为了便于轴系部件的安装和拆卸,箱体常制成沿轴心线水平剖分式。上箱盖和下箱体用螺栓连接成一体。轴承座的连接螺栓应尽量靠近轴承座孔,而轴承座旁的凸台应具有足够大的承托面,以便放置连接螺栓,并保证旋紧螺栓时具有需要的扳手空间。为保证箱体具有足够的刚度,在轴承孔附近加支撑肋。为保证减速器安置在基础上的稳定性并尽可能减小箱体底座平面的机械加工面积,箱体底座一般不采用完整的平面。

3）箱体附件

为了保证减速器的正常工作,除了对齿轮、轴及轴承组合和箱体的结构设计给予足够的重视外,还应考虑到向减速器润滑油池注油、减速器润滑油池排油、检查油面高度、加工及拆装检修时上箱盖与下箱体的精确定位、吊装等辅助零部件的合理选择和设计。

（1）检查孔：为检查传动零件的啮合情况,并向箱内注入润滑油,应在箱体的适当位置设置检查孔。检查孔应设在上箱盖顶部能直接观察到齿轮啮合的部位。平时,检查孔的盖板用螺钉固定在上箱盖上。

（2）通气器：减速器工作时,箱体内温度升高,气体膨胀,压力增大。为使箱内热胀空气能自由排出,以保持箱内外气压平衡,不致使润滑油沿分箱面或轴伸端密封件等缝隙处渗漏,通常在上箱盖顶部装设通气器。

（3）轴承盖：为定位轴系部件的轴向位置并承受轴向载荷,轴承座孔两端用轴承盖封闭。轴承盖有凸缘式和嵌入式两种。凸缘式轴承盖一般利用六角螺栓固定在箱体上,外伸轴处的轴承盖加工有通孔,其中装有密封装置。凸缘式轴承盖具有拆装、调整轴承方便的优点,但与嵌入式轴承盖相比,零件数目较多、尺寸较大、外观不平整。

（4）定位销：为保证每次拆装上箱盖时,仍保持轴承座孔制造加工时的精度,应在精加工轴承孔前,在上箱盖与下箱体的连接凸缘上配装定位销。定位销可安置在箱体纵向两侧连接凸缘上,并呈非对称布置,以免错装。

（5）油面指示器：为了检查减速器内油池油面的高度，经常保持油池内有适量的油，一般在下箱体便于观察、油面较稳定的部位装设油面指示器。

（6）放油螺塞：换油时，为了排放污油和清洗剂，应在下箱体底部、油池的最低位置处开设放油孔，平时用放油螺塞将放油孔堵住。放油螺塞和下箱体间应加防漏用的垫圈。

（7）启盖螺钉：为加强密封效果，通常在装配时在箱体剖分面上涂密封胶或水玻璃，因而在拆卸时往往因胶结紧密难以开盖。为此，常在上箱盖连接凸缘的适当位置加工 1～2 个螺孔，旋入启盖用的圆柱端或平端的启盖螺钉。旋动启盖螺钉便可将上箱盖顶起。小型减速器也可不设启盖螺钉，启箱时用起子撬开上箱盖。启盖螺钉的大小可同于凸缘连接螺栓。

（8）起吊装置：当减速器的质量超过 25 kg 时，为了便于搬运，在箱体上设置起吊装置，如在箱体上铸出吊耳或吊钩等。

4. 采用新型结构的减速器

近年来为满足使用要求，一些采用新型结构的减速器得到不断推广应用。采用新型结构的减速器主要有以下几种。

1）轴装式减速器

轴装式减速器（见图 11-5）的输出轴为一空心轴，这种减速器可以固定或悬挂在工作机上，并靠支承杆避免转动。它的特点是占用空间小，输入轴可以围绕输出轴调整到任何位置。

2）连体式减速器

连体式减速器（见图 11-6）是一类将电动机和减速器直接相连而组成的独立部件。它的特点是结构紧凑、占用空间小、成本较低。

图 11-5　轴装式减速器的外形　　　　　图 11-6　连体式减速器（带电动机）的外形

3）RV 减速器

RV 减速器（见图 11-7 和图 11-8）由一个行星齿轮减速器的前级和一个摆线针轮减速器的后级组成，具有刚性好、抗冲击能力强、结构紧凑、传动比大、回转精度高、振动小、噪声低的特点，但对加工精度、材料和工艺都有相当高的要求。RV 减速器被广泛应用于工业机器人、机床、医疗检测设备、卫星接收系统等领域。精密减速器是工业机器人的重要核心零部件之一，目前应用在关节型机器人中的精密减速器主要就是 RV 减速器和谐波减速器两类。RV 减速器用于机器人转矩大的腿部、腰部和肘部三个关节。

4）谐波减速器

谐波减速器（见图 11-9 和图 11-10）主要包括刚轮、柔轮、轴承和波发生器，四者缺一不可。

图 11-7 RV 减速器的外形

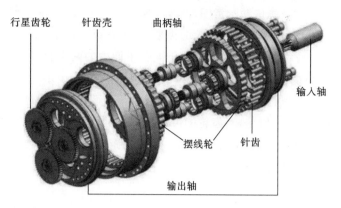

行星齿轮　针齿壳　曲柄轴　输入轴

摆线轮　针齿　输出轴

图 11-8 RV 减速器的内部结构

谐波减速器靠波发生器装配上轴承使柔轮产生可控弹性变形,并与刚轮相啮合来传递运动和动力。它通常采用波发生器主动、刚轮固定、柔轮输出形式。谐波减速器的特点是体积小、质量轻、运动精度高、单级传动比大($i=70\sim320$),但柔轮反复产生高速变形,承受较大的交变载荷,因而对材料的抗疲劳强度、加工和热处理要求较高,工艺复杂。谐波减速器广泛用于电子、航天航空、机器人等行业。在工业机器人领域,谐波减速器主要用于负载小的工业机器人或大型工业机器人末端几个轴上。

图 11-9 谐波减速器的外形

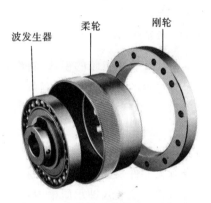

波发生器　柔轮　刚轮

图 11-10 谐波减速器的内部结构

三、实验设备

(1) 单级圆柱齿轮减速器。

(2) 二级圆柱齿轮减速器。

(3) 蜗轮蜗杆减速器。

四、实验内容与步骤

(1) 开盖前先观察减速器的外部形状,判断传动方式、级数、输入轴、输出轴,观察有哪些箱体附件。

(2) 打开上箱盖,仔细观察并分析箱体的形状、轴系定位与固定方式、润滑与密封方式,箱体附件(如通气器、油面指示器、放油螺塞、启盖螺钉、定位销等)的结构、作用和位置要求,以及零件材料的选用等方面的内容。

（3）画传动示意图，测定减速器的主要参数，记录测得的参数，并计算有关参数。

① 仔细数出各齿轮的齿数，求出各级分传动比及总传动比。

② 用游标卡尺测得两轴同一平面中的两个直径 d_{k1}、d_{k2} 和两轴间的距离 B，计算齿轮实际中心距 a（见图 11-11）。

③ 齿轮的齿数为偶数时，用游标卡尺直接测出齿顶圆直径 d_a 和齿根圆直径 d_f，如图 11-12(a)所示。但是，当齿轮的齿数为奇数时，用游标卡尺分别测出齿轮的轴孔直径 D、孔壁到某一齿顶的距离 H_1 和孔壁到某一齿根的距离 H_2，如图 11-12(b)所示，则齿顶圆直径 $d_a = 2H_1 + D$，齿根圆直径 $d_f = 2H_2 + D$。

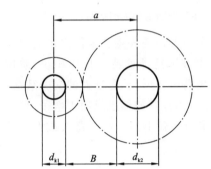

图 11-11　齿轮中心距的测量

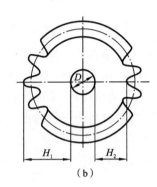

图 11-12　齿顶圆直径和齿根圆直径的测量

④ 根据公式计算出齿轮的模数、斜齿轮螺旋角的大小。

⑤ 测量各齿轮的齿宽，算出齿宽系数，观察并考虑大、小齿轮的齿宽是否应完全一样。

⑥ 测量齿轮与箱壁间的间隙、油池的深度，确定滚动轴承的型号等。

（4）任选一根轴，画出轴及轴上零件，注意轴与轴上零件的定位方法、配合尺寸。

（5）将减速器装配复原。

① 检查有无零件及其他杂物留在箱体内，擦净箱体内部，将各传动轴部件装入箱体内。

② 将嵌入式端盖装入轴承压槽内，并用调整垫圈调整好轴承的工作间隙。

③ 将箱内各零件用棉纱擦净，并涂上机油防锈，再用手转动高速轴，观察有无零件干涉。

④ 合上箱盖，松开启盖螺钉，装上定位销，并打紧。装上螺栓、螺母，用手逐一拧紧后，再用扳手多次均匀拧紧。

⑤ 观察所有箱体附件是否都已安装好。

五、实验注意事项

（1）在减速器拆装过程中，若需要搬动，则必须按规则用箱体上的吊钩缓吊轻放，并注意人身安全。

（2）拆卸上箱盖时应先拆开连接螺钉与定位销，再用启盖螺钉将上箱盖、下箱体分离，然后利用上箱盖上的吊耳或环首螺钉起吊。对于拆开的上箱盖与下箱体，应注意保护其接合面，防止碰坏或擦伤。

（3）拆装轴承时需要用专用工具，不得用锤子乱敲。无论是拆卸还是装配，均不得将力施加于外圈上通过滚动体带动内圈，否则将损坏轴承滚道。

六、实验报告内容及要求

(1)画出减速器传动示意图,记录并计算减速器有关传动参数(包括模数 m、齿数 z、传动比 i、中心距 a 等),回答若干简答题。

(2)撰写一份关于减速器的分析报告,可以分析所观察的减速器在箱体形状、轴系定位与固定、润滑与密封方式、箱体附件等方面的特点,也可以提出减速器在设计、制造、拆装时应考虑注意的问题,还可以写写自己对减速器实验的收获及合理化建议,等等。

七、有关斜齿圆柱齿轮减速器和蜗轮蜗杆减速器参数计算公式

斜齿圆柱齿轮减速器的参数计算如下。

传动比:

$$i_{12} = \frac{z_2}{z_1}$$

法面模数:

$$m_n = \frac{h_a}{2.25} \quad （取标准值）$$

螺旋角:

$$\beta = \arccos \frac{m_n(z_1 + z_2)}{2a}$$

分度圆直径:

$$d = \frac{m_n}{\cos\beta} z$$

齿宽系数:

$$\phi_d = \frac{b_2}{d_1}$$

蜗轮蜗杆减速器的参数计算如下。

传动比:

$$i = \frac{z_2}{z_1}$$

模数:

$$m = \frac{h}{2.2} = \frac{d_{a2}}{z_2 + 2} \quad （取标准值）$$

蜗轮分度圆直径:

$$d_2 = m z_2$$

蜗杆分度圆直径:

$$d_1 = d_{a1} - 2m$$

蜗杆特性系数:

$$q = \frac{d_1}{m} \quad （取标准值）$$

蜗杆导程角:

$$\gamma = \arctan \frac{z_1}{q}$$

实 验 记 录

减速器传动示意图：

测定以下参数：

斜齿圆柱齿轮减速器			蜗轮蜗杆减速器	
参数	高速级	低速级		
中心距 a_{12}、a_{34}			中心距 a	
小齿轮齿数 z_1、z_3			蜗杆头数 z_1	
大齿轮齿数 z_2、z_4			蜗轮齿数 z_2	
小齿轮齿顶圆直径 d_{a1}、d_{a3}			蜗杆顶圆直径 d_{a1}	
大齿轮齿顶圆直径 d_{a2}、d_{a4}			蜗轮顶圆直径 d_{a2}	
小齿轮全齿高 h_1、h_3			蜗杆全齿高 h_1	
大齿轮全齿高 h_2、h_4			蜗轮全齿高 h_2	
小齿轮齿宽 b_1、b_3			蜗轮齿宽 b	
大齿轮齿宽 b_2、b_4				

计算以下参数：

斜齿圆柱齿轮减速器			蜗轮蜗杆减速器	
参数	高速级	低速级		
传动比 i_{12}、i_{34}			传动比 i_{12}	
总传动比 i			模数 m	
法面模数 m_n			蜗杆特性系数 q	
端面模数 m_t			蜗杆导程角	
小齿轮螺旋角、旋向			蜗轮螺旋角	
大齿轮螺旋角、旋向			蜗杆旋向	
齿宽系数			蜗轮旋向	

上箱盖上铭牌中有什么内容？	
减速器上布置了哪些附件？	
通气孔的作用是什么？布置在哪里？	
起吊装置是哪种？	
肋板的作用是什么？	
下箱体与上箱盖的接触面是如何解决密封的？	
启盖螺钉的作用是什么？	
箱体上定位销的作用是什么？	
箱体使用何种材料？	
相比直齿轮传动，使用斜齿轮的优点是什么？	
大、小齿轮的齿宽是否完全一样，为什么这样设计？	
轴上零件是如何实现轴向定位与固定的？	
轴上零件是如何实现周向定位与固定的？	
大齿轮上为什么要设计工艺孔？	
轴承的类型及代号是什么？	
轴承内孔与轴的配合性质是什么？	
轴承外径与轴承座孔的配合性质是什么？	
油标的布置有何特点？	
放油螺塞的布置有何特点？	

实验 12

机械构造及机械设计创意

实验背景: 在工业生产和日常生活中,我们常常可以看到各种各样的机械产品,如汽车、机床、工程机械、家电等。尽管它们的构造、用途和性能千差万别,但从制造和装配方面分析,它们都是由许多机械零件组成的。机械零件是机械制造时单独加工的单元体,而机械部件是机械制造过程中为实现同一目的而由若干协同工作的机械零件组合而成的组合体。在各类机械产品中,以国家标准或者国际标准为基准生产的常用机械零件称为通用零件,如齿轮、轴、螺栓等;而只在特定类型的机械中才能用到的,以自身机器标准生产的机械零部件称为专用零部件,如内燃机中的曲轴、活塞等。深入了解各种机械零部件的类型特点、工作原理、应用场合、失效形式等,可以为选择合适的标准件以及设计机械打下扎实的基础。

一、实验目的

(1)了解轴、滚动轴承、滑动轴承、联轴器、离合器、轴系、弹簧等常用机械零部件的具体结构、种类和失效形式等。

(2)了解密封和润滑的各种类型、结构和特点。

(3)分析典型机械的传动方式和具体结构,了解其中各种机械零件的类型特点和应用情况。

二、实验设备

(1)机械设计陈列柜。

机械设计陈列柜(见图 12-1 和图 12-2)主要展示了轴系部件、滚动轴承、密封与润滑结构、联轴器、离合器、制动器、滑动轴承、轴、弹簧等常用机械零部件的类型特点、组成结构、失效形式。

图 12-1　机械设计陈列柜(Ⅰ)

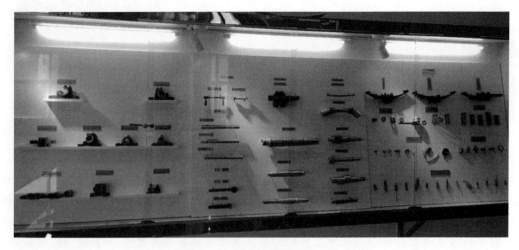

图 12-2　机械设计陈列柜(Ⅱ)

（2）插齿机。

插齿机如图 12-3 所示。它主要由 V 带传动机构、开式直齿轮传动机构、锥齿轮传动机构、蜗轮蜗杆传动机构、同步带传动机构、杆机构、螺旋齿轮传动机构、带传动的张紧装置、棘轮机构、凸轮机构、滚动轴承、轴承装置等组成。

（3）斗式上料机。

斗式上料机如图 12-4 所示。它主要由 V 带传动机构、带传动的张紧装置、套筒滚子链传动机构、套筒滚子链传动的张紧装置、蜗杆减速器、同步带传动机构、正反转的实现装置、滚动轴承、滑动轴承、润滑装置、钢丝绳锁紧装置、扭转弹簧等组成。

图 12-3　插齿机

图 12-4　斗式上料机

1—套筒滚子链传动机构；2—同步带传动机构；
3—蜗杆减速器；4—V 带传动机构；5—电动机；6—上料斗

（4）步进输送机。

步进输送机如图 12-5 所示。它主要由蜗杆减速器、开式齿轮传动机构、联轴器、平面连杆机构、轴系部件、滚道及输送机构、润滑装置、弹簧等组成。

（5）分度及冲压装置。

分度及冲压装置如图 12-6 所示。它主要由槽轮机构、凸轮机构、气动冲压装置、电气控制

图 12-5　步进输送机

1—滚道；2—蜗杆减速器；3—平面连杆机构；4—电动机；5—开式齿轮传动机构；6—机架

系统、同步带传动机构、带传动的张紧装置、轴系部件、蜗轮蜗杆传动机构、润滑装置、弹簧等组成。

图 12-6　分度及冲压装置

1—气动冲压装置；2—工作台；3—分度装置；4—同步带传动机构；5—送料装置；6—凸轮机构；7—电动机

三、实验内容与步骤

为了使学生对机械设计有具体的了解，加深学生的感性认识，开阔学生的视野，增强学生的学习积极性，达到启发学生的创新思维的目的，对机械设计实验室内展示的典型机械零部件和各种机械进行实地参观、认真分析。

学生在教师的带领下参观机械设计陈列柜。在参观过程中，教师对机械设计陈列柜内的机械零部件进行介绍，学生详细了解本学期学到的"机械设计"课程中的机械零部件。接下来，学生分析典型机械，对实验室中的各种实际机械进行详细探究，了解它们的运动原理和组成情况（原动机、传动装置、控制系统、工作机、辅助装置），分析各种机械传动方案的特点，分析各种机构、机械零部件在设备上的应用，分析各种典型结构，并指出哪些结构是根据强度设计的，哪些结构是根据工艺性要求设计的。

四、实验报告内容及要求

（1）在实验中做好实验记录。

（2）完成下列思考题。

① 轴系结构的支承方式有哪几种？

② 轴上零件轴向定位和周向定位方法分别有哪些？

③ 按受载情况分类，滚动轴承可分为哪几种类型？

④ 滚动轴承由哪几部分组成？

⑤ 常用的密封形式有哪些？

⑥ 联轴器、离合器的功用分别是什么？两者有何区别？

⑦ 滑动轴承的应用范围如何？基本类型有哪些？

⑧ 按受载情况不同，轴分为哪几种类型？

⑨ 弹簧的类型有哪些？

实 验 记 录

所分析机器的名称：

1. 机器的工作原理：

2. 机器的组成情况：

原动机：

工作机：

传动装置：

辅助装置：

控制系统：

支承与连接：

3. 机器所用传动方式的特点：

4. 对机械通用零部件进行分类,每类请写出三种以上零部件的名称、设计准则、失效形式、结构类型。

类型	名称	具体用途	设计准则	失效形式	结构类型
传动类					
轴系类					
连接类					
其他类 （机架、密封 装置、弹簧）					

参 考 文 献

[1] 孙桓,陈作模,葛文杰.机械原理[M].8版.北京:高等教育出版社,2013.

[2] 邓宗全,于红英,王知行.机械原理[M].3版.北京:高等教育出版社,2015.

[3] 申永胜.机械原理教程[M].3版.北京:清华大学出版社,2015.

[4] 杨可桢,程光蕴,李仲生,等.机械设计基础[M].6版.北京:高等教育出版社,2013.

[5] 邹慧君.机械运动方案设计手册[M].上海:上海交通大学出版社,1994.

[6] 赵又红,姜胜强.机械基础实验教程[M].3版.湘潭:湘潭大学出版社,2016.

[7] 高为国,朱理.机械基础实验教程[M].武汉:华中科技大学出版社,2006.

[8] 张展.机械设计通用手册[M].北京:机械工业出版社,2008.

[9] 张伟华,陈良玉,孙志礼,等.机械基础实验教程[M].北京:高等教育出版社,2005.

[10] 潘凤章,沈兆光.机械原理与机械设计实验教程[M].天津:天津大学出版社,2006.

[11] 陈秀宁.现代机械工程基础实验教程[M].北京:高等教育出版社,2002.

[12] 杨昂岳,毛笠泓,夏宏玉.实用机械原理与机械设计实验技术[M].长沙:国防科技大学出版社,2009.

[13] 何丽红,朱理.机械原理[M].3版.北京:高等教育出版社,2020.

[14] 王为.机械设计基础实验教程[M].武汉:华中科技大学出版社,2005.

[15] 全国技术产品文件标准化技术委员会(SAC/TC 146).机械制图 机构运动简图用图形符号:GB/T 4460—2013[S].北京:中国标准出版社,2014.

[16] 张锋.机械基础实验[M].哈尔滨:哈尔滨工业大学出版社,2017.

[17] 翟之平,刘长增.机械原理与机械设计实验[M].北京:机械工业出版社,2016.